周 期 表

10	11	12	13	14	15	16	17	18
								₂He ヘリウム 4.003
			₅B ホウ素 10.81	₆C 炭素 12.01	₇N 窒素 14.01	₈O 酸素 16.00	₉F フッ素 19.00	₁₀Ne ネオン 20.18
			₁₃Al アルミニウム 26.98	₁₄Si ケイ素 28.09	₁₅P リン 30.97	₁₆S 硫黄 32.07	₁₇Cl 塩素 35.45	₁₈Ar アルゴン 39.95
₂₈Ni ニッケル 58.69	₂₉Cu 銅 63.55	₃₀Zn 亜鉛 65.38	₃₁Ga ガリウム 69.72	₃₂Ge ゲルマニウム 72.63	₃₃As ヒ素 74.92	₃₄Se セレン 78.97	₃₅Br 臭素 79.90	₃₆Kr クリプトン 83.80
₄₆Pd パラジウム 106.4	₄₇Ag 銀 107.9	₄₈Cd カドミウム 112.4	₄₉In インジウム 114.8	₅₀Sn スズ 118.7	₅₁Sb アンチモン 121.8	₅₂Te テルル 127.6	₅₃I ヨウ素 126.9	₅₄Xe キセノン 131.3
₇₈Pt 白金 195.1	₇₉Au 金 197.0	₈₀Hg 水銀 200.6	₈₁Tl タリウム 204.4	₈₂Pb 鉛 207.2	₈₃Bi ビスマス 209.0	₈₄Po ポロニウム (210)	₈₅At アスタチン (210)	₈₆Rn ラドン (222)
₁₁₀Ds ダームスタチウム (281)	₁₁₁Rg レントゲニウム (280)	₁₁₂Cn コペルニシウム (285)	₁₁₃Nh ニホニウム (278)	₁₁₄Fl フレロビウム (289)	₁₁₅Mc モスコビウム (289)	₁₁₆Lv リバモリウム (293)	₁₁₇Ts テネシン (293)	₁₁₈Og オガネソン (294)
		+2	+3		−3	−2	−1	
			ホウ素族	炭素族	窒素族	酸素族	ハロゲン	貴ガス元素

典型元素

₆₄Gd ガドリニウム 157.3	₆₅Tb テルビウム 158.9	₆₆Dy ジスプロシウム 162.5	₆₇Ho ホルミウム 164.9	₆₈Er エルビウム 167.3	₆₉Tm ツリウム 168.9	₇₀Yb イッテルビウム 173.0	₇₁Lu ルテチウム 175.0
₉₆Cm キュリウム (247)	₉₇Bk バークリウム (247)	₉₈Cf カリホルニウム (252)	₉₉Es アインスタイニウム (252)	₁₀₀Fm フェルミウム (257)	₁₀₁Md メンデレビウム (258)	₁₀₂No ノーベリウム (259)	₁₀₃Lr ローレンシウム (262)

ステップ アップ

大学の**総合化学** 改訂版

齋藤 勝裕 著

LET'S STEP UP!

裳華房

Step Up !
Integrated Chemistry for College Students
revised edition

by

Katsuhiro SAITO

SHOKABO

TOKYO

JCOPY 〈出版者著作権管理機構 委託出版物〉

刊 行 趣 旨

　「ステップアップ」を書名に冠した化学の教科書を刊行する。「ステップアップ」とは，目標を立てて階段を一段ずつ着実に登り，一階あがるごとに実力を点検し，次の目標を立てて次の階段に臨み，最後には目的の最上階に達するというものである。その意味で本書はJABEE（日本技術者教育認定制度）の精神に沿った教科書ということができよう。

　本書はおおむね序章＋13章の全14章構成となっている。それは多くの大学の2単位分の講義が，14回の講義と15回目の試験から構成されていることを考えてのことである。

　講義開始のとき，学生は講義名を知っていても，その内容までは詳しく知らないことが多い。これは1回ごとの講義においても同様である。そこで本書では，最初に「序章」を置き，その本全体の概要を示すことにした。序章を読むことで学生は講義全体のアウトラインを掴むことができ，その後の勉強の方針を立てることができよう。また各章の最初には「本章で学ぶこと」を置き，その章の目標を具体的に示した。そして各章の終わりには「この章で学んだこと」を置き，講義内容を具体的に再確認できるようにした。

　本文の適当な箇所に「発展学習」を置いたことも本書の特徴の一つである。発展学習について図書館などで調べ，あるいは学友とディスカッションすることによって，実力と共に化学への興味が増すものと期待している。

　そして各章の最後には演習問題を置き，実力の涵養を図った。各章を終えたときにはその章の内容をほぼ完璧な形で身につけることができるものと確信する。

　このように，常に目標を立てて各ステップに臨み，一段階を達成した後には反省と点検を行い，その成果を土台として次のステップに臨むという学習態度は，まさしくJABEEの精神に一致するものと考える。

　本書は記述内容とその難易度に細心の注意を払った。すなわち，いたずらに高度な内容を満載して学生を消化不良に陥らせることのないよう配慮した。また，必要な内容をわかりやすく，丁寧に説明することを最優先とした。文字離れ，劇画慣れが進んでいる現代の学生に合わせ，説明文は簡潔丁寧を旨とし，同時に親切でわかりやすい説明図を多用した。本書を利用する読者が化学に興味を持ち，毎回の講義を待ち望むようになってくれることを願うものである。

　　　　　　　　　　　　　　　　　　　　　　　　齋 藤 勝 裕 ・ 藤 原　学

改訂版 まえがき

　本書『ステップアップ 大学の総合化学 (改訂版)』は『ステップアップ 大学の総合化学』を改訂したものである。おかげさまで『ステップアップ 大学の総合化学』は多くの方々に喜んでいただき版を重ねたが，2008 年の発刊以来 14 年を過ぎ，その間に化学界にも新しい知見が増えてきた。本書はそのような新知見，新理論を加味した物である。加えて読者の皆様の要望にお応えして，側注，演習問題を増やした。きっと皆さまのご満足をいただけるものと確信する。

　本書は総合化学を扱うものであり，シリーズ『ステップアップ 大学の化学』の一環をなすものである。本書は理学部，工学部だけでなく，医学部，薬学部，看護学部，教育学部，あるいは栄養学部などの学部 1 年生，2 年生用の教科書として最適なものである。

　「総合化学」とは，「一般に化学で扱う領域を全て含む化学」という意味である。したがって，本書が扱う範囲は物理化学，分析化学，無機化学，有機化学，高分子化学，生命化学，環境化学など多岐にわたる。

　本書はこれらの広範な内容をバランスよく選定し，過不足なく説明してある。また，基礎的な教科書にありがちな無味乾燥さを避けるため，液晶，アモルファス，超伝導，超臨界，遺伝，環境問題など，学生が興味を持ちそうな最新の話題をも取り込んである。

　説明はやさしくわかりやすいことを第一としているが，文章は簡潔をこころがけた。いたずらに長い文章にして，文字離れの進んだ学生に無用の負担をかけないためである。その分，丁寧でわかりやすい説明図を多用した。学生は豊富な説明図を眺め，簡潔な説明文を読むことによって，感覚的な意味でも理解を増すものと確信する。

　最後に，本書刊行に並々ならぬ努力を払ってくださった裳華房の小島敏照氏に感謝申し上げる。

2022 年 10 月

齋 藤 勝 裕

目　次

第3章　元素の性質と反応

第 II 部　物質の状態と性質

第4章　物質の状態

第 5 章　溶液の性質

第 Ⅲ 部　化学反応とエネルギー

第 6 章　化学反応の速度

第 7 章　化学反応とエネルギー

第 8 章　酸化反応・還元反応

第 IV 部　有機分子の性質と反応

第 9 章　炭化水素の構造と性質

第 10 章　有機化合物の性質と反応

第 11 章　高分子化合物の構造と性質

第 Ⅴ 部　生命と化学

第 12 章　生命と化学反応

第 13 章　環　境　と　化　学　物　質

コ ラ ム

序　章

化学で学ぶこと

● 本章で学ぶこと ・・・・・・・・・・・・・・・・・・・・・・・・・・・・・・・・・

　宇宙は物質からできている。化学は物質を扱う学問である。したがって宇宙全てが化学の研究対象となる。

　全ての物質は原子からできている。そして原子は結合して分子を作る。物質は低温では固体であるが，加熱すると液体になり，さらに加熱すると気体になり，それぞれ特有の性質を持つ。

　物質は変化する。この変化を化学反応という。化学反応にはエネルギー変化が付随する。炭を燃やすと熱くなるのもこの原理である。

　化学物質のうち，生体に関係したものを有機物という。有機物には非常に多くの種類があるが，プラスチックと呼ばれる高分子も有機物である。生命は化学が解き明かそうとする最終の目標であろうが，生命現象は簡単にいい切ってしまえば化学反応の集大成である。

　本章ではこのようなことを見ていこう。

0・1　原子構造と結合

　原子は結合して分子を作り，物質を作る。原子は物質の基本である。

0・1・1　原子構造

詳しくは第1章で解説する。

　原子は雲でできた球のようなものである（**図0・1**）。雲に相当するのは**電子**からできた**電子雲**であり，電気的に負に荷電している。電子雲の中心には電気的に正に荷電していて，小さく重い**原子核**がある。電子と原子核の電気量の絶対値は等しいので，原子は電気的に中性である。

0・1・2　原子核

　原子核は電気的に正に荷電した陽子と中性の中性子からできている。

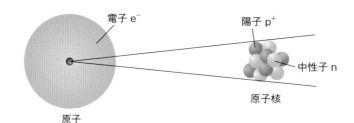

電子 e⁻ 陽子 p⁺ 中性子 n 原子核 原子

図0・1　原子構造

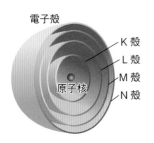

電子殻 K殻 L殻 M殻 原子核 N殻

図0・2　電子配置

原子核を構成する陽子の個数を原子番号，陽子の個数と中性子の個数の和を質量数という。原子の重さを相対的に表す量を原子量というが，原子量は質量数にほぼ等しい。

0・1・3　電 子 配 置

　原子の電子は**電子殻**という入れ物に入る。電子殻は原子核の周りに層状になって存在し，原子核に近いものから順に K 殻，L 殻，M 殻など，アルファベットの K から始まる順の名前が付いている（図0・2）。電子殻には定員があり，電子は内側の電子殻から順に定員に従って入る。

0・1・4　元 素 の 性 質

　元素を原子番号の順に並べた表を**周期表**という（図0・3）。周期表には 1 〜 18 までの族があるが，1,2 族と 12 〜 18 族の**典型元素**は所属する族ごとに互いに似た性質を持つ。3 〜 11 族の**遷移元素**は全て金属であり，族が異なってもはっきりした性質の違いはない。

詳しくは第 3 章で解説する（"原子"と"元素"の関係についても第 3 章冒頭で述べる）。

本によっては 12 族を遷移元素に含めるものもあるが，本書では典型元素に含めるものとする。

	1	2	3	4	5	6	7	8	9	10	11	12	13	14	15	16	17	18
1	H																	He
2	Li	Be											B	C	N	O	F	Ne
3	Na	Mg											Al	Si	P	S	Cl	Ar
4	K	Ca	Sc	Ti	V	Cr	Mn	Fe	Co	Ni	Cu	Zn	Ga	Ge	As	Se	Br	Kr
5	Rb	Sr	Y	Zr	Nb	Mo	Tc	Ru	Rh	Pd	Ag	Cb	In	Sn	Sb	Te	I	Xe
6	Cs	Ba	La*	Hf	Ta	W	Re	Os	Ir	Pt	Au	Hg	Tl	Pb	Bi	Po	At	Rn
7	Fr	Ra	Ac**	Rf	Db	Sg	Bh	Hs	Mt	Ds	Rg	Cn	Nh	Fl	Mc	Lv	Ts	Og

*ランタノイド	La	Ce	Pr	Nd	Pm	Sm	Eu	Gd	Tb	Dy	Ho	Er	Tm	Yb	Lu
**アクチノイド	Ac	Th	Pa	U	Np	Pu	Am	Cm	Bk	Cf	Es	Fm	Md	No	Lr

図0・3　周期表 (色アミの部分は遷移元素)

表 0・1　化学結合の種類

	結合名		例
原子間	イオン結合		NaCl
	金属結合		Fe, Au
	共有結合	単結合	H−H　H₃C−CH₃
		二重結合	O=O　H₂C=CH₂
		三重結合	N≡N　HC≡CH
分子間	水素結合		H₂O⋯H₂O
	ファンデルワールス力		ベンゼン⋯ベンゼン

■ 0・1・5　結合と分子構造

　原子は結合して**分子**になる。結合には**イオン結合**，**金属結合**，**共有結**
合などがある。共有結合はさらに単結合，二重結合，三重結合に分ける
ことができる（**表 0・1**）。

　結合には原子を結び付けるものだけでなく，分子を引き付け合わせる
ものもある。このようなものを特に**分子間力**といい，水素結合やファン
デルワールス力などがある。

詳しくは第 2 章で解説する。

0・2　物質の状態と性質

　物質は固体，液体，気体という状態をとることができる。

■ 0・2・1　アボガドロ定数とモル

　分子を構成する原子の種類と個数を表した記号を**分子式**という。水な
ら H₂O である。分子を構成する原子の原子量の総和を**分子量**という。
水なら $1 \times 2 + 16 = 18$ である。

　12 本の鉛筆を 1 ダースというように，アボガドロ数個の分子，あるい
は原子の集団を **1 モル**という。**アボガドロ数**は 6.02×10^{23} である。ま
た，1 モル当たりのアボガドロ数を特に**アボガドロ定数**（6.02×10^{23} /
mol）という。1 モルの分子の質量は分子量（に g を付けたもの）に等し
い。

詳しくは第 1 章で解説する。

■ 0・2・2　気 体 の 性 質

　固体，**液体**，**気体**を物質の状態という。気体の分子は高速で飛びまわっ
ている。そのため，気体の体積は分子の体積とは無関係になり，分子の
飛びまわる範囲が体積となる。すなわち，標準状態にある全ての分子の
気体は 0 ℃ 1 気圧で，1 モルで 22.4 L になる（**図 0・4**）。気体を加熱す
ると体積は増え，圧力をかけると収縮する（**図 0・5**）。

詳しくは第 4 章で解説する。

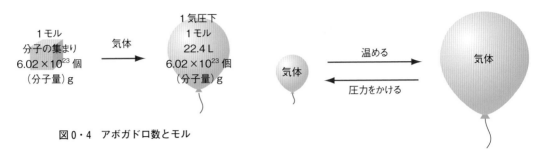

図 0・4　アボガドロ数とモル

図 0・5　気体の性質

詳しくは第5章で解説する。

0・2・3　酸 ・ 塩 基

　アレニウスの定義によると，水素イオン H^+ を出すものを**酸**，水酸化物イオン OH^- を出すものを**塩基**という。塩酸 HCl は酸であり，水酸化ナトリウム NaOH は塩基である。酸と塩基の反応を中和といい，中和の結果できた水以外の物質を**塩**という。

　H^+ が多い状態を**酸性**，少ない（OH^- が多い）状態を**塩基性**という。酸性か塩基性かを表す指標を**水素イオン指数 pH**（ピーエッチ。かつてはドイツ語でペーハーといったこともある）という。中性は pH ＝ 7 であり，7 より小さいと酸性，7 より大きいと塩基性である（**図 0・6**）。

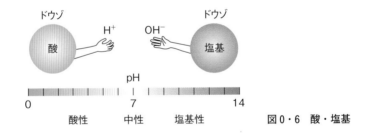

図 0・6　酸・塩基

0・3　化学反応とエネルギー

　分子は，ほかの分子に変化することができる。この変化を化学反応という。

詳しくは第6章で解説する。

0・3・1　化学反応の速度

　爆薬が爆発するのも，釘が錆びるのもみな**化学反応**である。しかし，爆発は瞬時に終り，錆びは何年もかかる。反応の速度を反応速度という。

　出発物 A が生成物 B に変化する反応では，反応が進行すると A の濃度が減少する。そしてある時間が経つと A の濃度は最初の濃度の半分

になる。この時間 ($t_{1/2}$) を**半減期**という（**図0・7**）。半減期の短い反応は
速い反応であり，長い反応は遅い反応である。

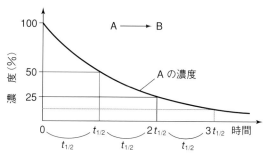

図0・7 化学反応の速度

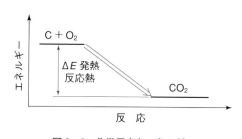

図0・8 化学反応とエネルギー

0・3・2 化学反応とエネルギー

炭を燃やすと熱くなる。これは炭素と酸素の反応に伴って熱が発生し
たからであり，このような熱を**反応熱**という。

物質は全て**エネルギー**を持っており，このようなエネルギーを内部エ
ネルギーという。炭素と酸素の内部エネルギーの和と，それが反応して
生じた二酸化炭素の内部エネルギーを比較すると**図0・8**のようになる。
すなわち，二酸化炭素の方がエネルギーが少ない（安定な状態にある）。
そのため，余分のエネルギーが熱として放出されたのである。

詳しくは第7章で解説する。

0・3・3 酸化還元反応

物質 A が酸素と結合したとき，A は**酸化**されたという。また酸化物
BO が酸素を失って B になったとき，B は**還元**されたという。すなわち，
酸化されたということは酸素と結合したということであり，還元された
ということは酸素を失ったということである（**図0・9**）。

また，相手に酸素を与えるものを**酸化剤**といい，相手から酸素を奪う
ものを**還元剤**という。

詳しくは第8章で解説する。

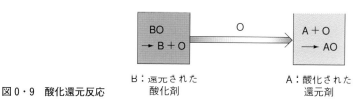

図0・9 酸化還元反応

B：還元された
　　酸化剤

A：酸化された
　　還元剤

0・4　有機分子の性質と反応

　有機化合物とは，元々は生体で作られた物質という意味であった。しかし現在では，有機化合物は炭素を含む化合物であり，CO，CO_2，HCNなど簡単な構造の化合物を除く，残り全てのものと考えられている。

詳しくは第9章で解説する。　■ **0・4・1　炭化水素の構造**

　炭素 C と水素 H だけからできた化合物を**炭化水素**という。

　メタンのように単結合だけでできた炭化水素を**アルカン**，エチレンのように二重結合を1個持つ炭化水素を**アルケン**，アセチレンのように三重結合を1個持つ化合物を**アルキン**という。

　二重結合と単結合が交互に並んだ化合物を**共役化合物**という。ベンゼンは環状の共役化合物で，環内に3個の二重結合を持つ。このような化合物を**芳香族**という。ナフタレン，アントラセンなどは代表的な芳香族である（**図0・10**）。

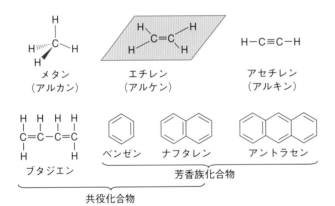

図0・10　炭化水素の構造

詳しくは第10章で解説する。　■ **0・4・2　有機物の性質と反応**

　有機化合物は分子本体と，それに結合した置換基に分けて考えることができる。CH 以外の原子を含む置換基を**官能基**といい，分子の性質や反応性に大きな影響を与える。

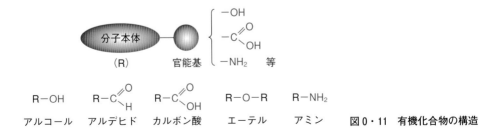

図0・11　有機化合物の構造

アルコール，アルデヒド，カルボン酸，エーテル，アミンなどは官能基に基づく分類である（**図 0・11**）。

0・4・3　高分子化合物の構造と性質

詳しくは第 11 章で解説する。

高分子は簡単な構造の単位化合物が数百個から数万個も結合した巨大分子である（**図 0・12**）。結合は共有結合によるものである。

高分子には，セルロースやタンパク質など，天然に存在する**天然高分子**と，人間が化学反応で作り出した**合成高分子**がある。合成高分子にはいわゆるプラスチックと呼ばれる合成樹脂，合成ゴム，合成繊維などがある。

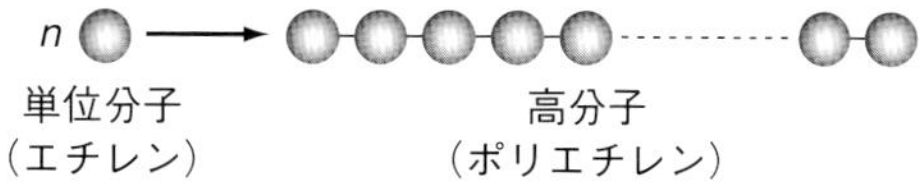

$$n\ \bigcirc \longrightarrow \bigcirc\bigcirc\bigcirc\bigcirc\bigcirc\cdots\cdots\bigcirc\bigcirc$$

単位分子　　　　　　　高分子
（エチレン）　　　　　（ポリエチレン）

図 0・12　高分子化合物の構造

0・5　生命と化学

化学的な見地から見ると，生命は化学反応の集大成である。

0・5・1　生体を作る化学物質（図 0・13）

詳しくは第 12 章で解説する。

植物の体は主にセルロースで作られ，動物の体の多くの部分はタンパク質でできている。セルロースはグルコース（ブドウ糖）という単位分子がたくさん結合した天然高分子であり，タンパク質もアミノ酸という20 種類の単位分子が固有の順序で結合した天然高分子である。

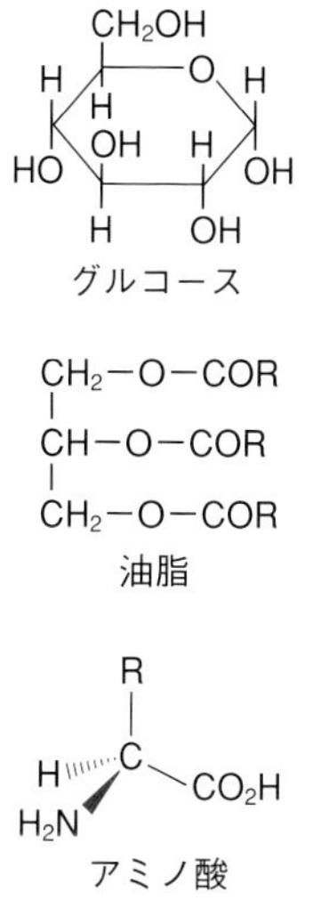

0・5・2　遺伝と DNA・RNA

遺伝を支配するのは細胞内の核に存在する染色体であり（**図 0・14**），1 本の染色体には 1 本の DNA が入っている。

母細胞から娘細胞に遺伝情報を伝えるのは **DNA** である。DNA は二

グルコース

$$CH_2-O-COR$$
$$|$$
$$CH-O-COR$$
$$|$$
$$CH_2-O-COR$$

油脂

アミノ酸

図 0・13　生体を作る
化学物質

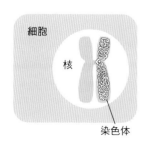

細胞

核

染色体

図 0・14　細胞核と DNA

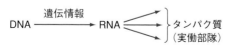

遺伝情報

DNA ───→ RNA ───→ タンパク質（実働部隊）

図 0・15　遺伝情報の流れ

重らせん構造をとっており，断続的に遺伝子といわれる遺伝情報を持っ
た部分が存在する。この遺伝子部分の情報だけをコピーしたものが
RNA である。RNA は DNA がもたらした情報に基づいてアミノ酸を並
べ，タンパク質を合成する（**図0・15**）。

　DNA がもたらした遺伝情報を具現化するのはこの**タンパク質**であ
る。タンパク質は生物の体を構成するほか，いろいろの酵素ともなり，
生化学反応を制御する。

詳しくは第13章で解説する。

0・5・3　地球環境と化学

　地球は大規模な環境汚染に直面している（**図0・16**）。それは酸性雨，
オゾンホール，地球温暖化などである。

　このうち，**酸性雨**は SOx，NOx が主な原因物質であり，**地球温暖化**は
二酸化炭素が主因といわれている。また，**オゾンホール**は成層圏の一部
を作るオゾン層に穴が開き，そこから有害な宇宙線が飛び込んでくると
いうものである。オゾンを破壊するのは**フロン**である。

図0・16　地球環境と化学

●この章で学んだこと●●●●●●●●●●●●●●●●●●●●●●●●●●

□ **1**　物質は原子からできている。

□ **2**　原子は結合して分子を作る。

□ **3**　物質は固体，液体，気体の状態をとる。

□ **4**　酸性は H^+ の多い状態，塩基性は H^+ の少ない状態である。

□ **5**　化学反応には速度がある。

□ **6**　化学反応にはエネルギーの出入りが伴う。

□ **7**　有機化合物の性質は官能基によって決定される。

□ **8**　高分子は多くの単位分子が共有結合したものである。

□ **9**　生体は化学物質でできており，化学反応で維持される。

□ **10**　環境を汚すのも，それを直すのも化学である。

◦ 演 習 問 題 ◦

0.1　原子は何からできているか。

0.2　結合にはどのような種類があるか。

0.3　共有結合にはどのような種類があるか。

0.4　水 10 g には何個の分子が含まれるか。また水蒸気になると標準状態で何 L になるか。

0.5　砂糖水の溶質と溶媒はそれぞれ何か。

0.6　半減期の長い反応と短い反応を比較して，反応速度の速い反応はどちらか。

0.7　反応 A → B において，半減期の 2 倍の時間が経ったら A，B の濃度はそれぞれどのようになるか。

0.8　pH ＝ 6.5 の溶液 a と 8.5 の溶液 b を比較して，酸性なのはどちらか。また OH^- 濃度が高いのはどちらか。

0.9　反応 $Fe_2O_3 + 2Al \rightarrow 2Fe + Al_2O_3$ において酸化，還元されたのはそれぞれ何か。また酸化剤，還元剤として働いたのはそれぞれ何か。

0.10　芳香族化合物を三つ，名前と構造式を示せ。

0.11　官能基の違いに基づく有機化合物の種類を三種あげよ。

0.12　天然に存在する高分子の名前を三つあげよ。

0.13　DNA と RNA の遺伝における役割を説明せよ。

0.14　次の環境問題の主要な原因物質はそれぞれ何か。

　　　a) 地球温暖化　　b) オゾンホール　　c) 酸性雨

原子構造と電子配置

●本章で学ぶこと・・・・・・・・・・・・・・・・・・・・・・・・・・・・・・・・・

　宇宙は物質からできている。極めて少数の例外を除いて，ほとんど全ての物質は分子からできている。そして全ての分子は原子からできている。この意味で，宇宙は原子からできているということができる。

　原子は電子と原子核からできており，電子は電子殻に入っている。電子殻はさらに軌道からできているので，電子は結局軌道に入っていることになる。原子を構成する複数の電子がどの軌道にどのように入るかによって原子の性質は大きく影響される。

　原子をその原子番号の順に並べると性質が周期的に変化していることがわかる。これを元素の周期性といい，それをまとめた表を周期表という。

　本章ではこのようなことを見ていこう。

1・1　原子の構造

　宇宙は物質からできており，全ての物質は原子からできている。化学は物質を扱う学問であり，その意味で化学の第一歩は原子の構造と性質を明らかにすることから始まる。

1・1・1　ビッグバン

　宇宙は約 138 億年前の**ビッグバン**という大爆発によって発生した（**図1・1**）。飛び散った物質は水素原子 H となった。宇宙を埋めつくした水素原子はやがて集まり，集団を作った。これが星の卵である。

　集団が成長するとその中心の密度は高くなり，熱を発生した。この熱によって 2 個の水素原子は**核融合**してヘリウム He となり，同時にすさまじいエネルギーを発生した。この反応が太陽をはじめとする恒星のエネルギー源である。水素が消費されつくすと続いてヘリウムが核融合を

図1・1　ビッグバン

起こす。このように核融合はその後も進行し，次々と大きな原子を誕生させ，宇宙にばらまいた（**図1・2**）。

　この結果，宇宙には多くの種類の元素が存在することになった。これらの元素の集合体の一つが地球であり，地球は水素からウランまでの92種類（側注参照）の元素から構成されている。しかしこれは逆にいえば，無限大ともいえるほど多くの種類の物質がわずか92種類の元素から構成されているということである。

1・1・2　原子を作るもの

　原子は雲でできた球のようなものである。フワフワとした球と考えられている。

　雲のように見える部分は複数個の**電子**からできており，**電子雲**ともいわれる。1個の電子は -1 の電荷を持っている。原子には大きなものも小さなものもあるが，その直径は図1・13（p.18）に示したように 10^{-9}〜10^{-11} m のオーダーである。いま原子を拡大して一円硬貨の大きさとしたとしよう。同じ倍率で一円玉を拡大すると日本列島をおおうような大きさの円になる（**図1・3**）。

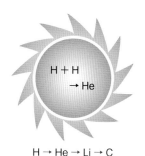

図1・2　原子の生成過程

$H + H \rightarrow He$

$H \rightarrow He \rightarrow Li \rightarrow C \rightarrow \rightarrow Fe$

原子番号43番のテクネチウム Tc は天然には存在しないので，正確には91種類。

電子：electron

表1・1にあるように電子の電荷量は $-e$ であるが，e を1単位とみなして，電子の電荷 $=-1$（陽子の電荷 $=+1$）と表現することが多い。

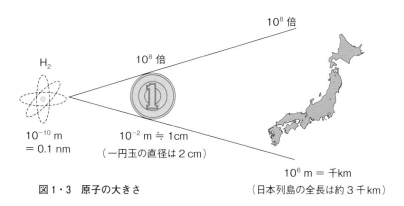

10^8 倍

10^8 倍

H₂

10^{-10} m $= 0.1$ nm

10^{-2} m ≒ 1cm
（一円玉の直径は 2 cm）

10^6 m $=$ 千km
（日本列島の全長は約3千km）

図1・3　原子の大きさ

　原子の中心には**原子核**がある。原子核の直径は原子の直径の1万分の1である。これは原子核の直径を 1 cm とすると原子の直径は 100 m になることを意味する。**図1・4**のように，東京ドームを2個張り合わせたドラ焼きを原子とすると，原子核はピッチャーマウンドに置かれたパチンコ玉，とでもたとえられよう。

本書で扱う普通の化学反応は電子（雲）によって起こされるものである。原子核も反応を起こすがそれは特に**原子核反応**と呼ばれ，化学反応とは比較にならない大エネルギーを発生する。それを利用したものが，核爆弾（原子爆弾，水素爆弾など），あるいは原子力発電などである（第3章コラム「原子核の安定性」参照）。

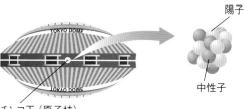

陽子

中性子

図1・4　原子核と原子の直径を比べると…　　パチンコ玉（原子核）

1・2　原子核の構造

原子の質量（重さ）の 99.9 % 以上は原子核にある。原子核は 2 種類の粒子からできている。

1・2・1　原子核を作るもの

p ＝ プロトン：proton
n ＝ ニュートロン：neutron

原子核は**陽子**（記号 p）と**中性子**（n）からできている。陽子と中性子は互いに質量はほぼ同じであるが電気的性質が異なる。陽子は ＋1 の電荷を持つが中性子は電気的に中性である。電子，陽子，中性子の性質を**表1・1**にまとめた。

原子番号：atomic number

A, Z を付けた記号 $_Z^A$X をも元素記号という。

原子は元素記号で表す。原子を構成する陽子の個数を**原子番号**といい，*Z* で表す。一方，陽子と中性子の個数の和を**質量数**といい，*A* で表す（**図1・5**）。

原子を作る陽子と電子の個数は同じため，陽子の正電荷と電子の負電荷は相殺して原子は電気的に中性となっている。

$$_Z^A X$$

X：元素記号
Z：原子番号 ＝ 陽子数
A：質量数 ＝
　　陽子数 ＋ 中性子数

図1・5　原子の表記

1・2・2　同 位 体

D ＝ ジュウテリウム：
　　deuterium
T ＝ トリチウム：tritium

原子には原子番号が等しくて質量数の異なる（中性子数が異なる）ものがあり，これを**同位体**という。水素には普通の水素（H，中性子 0 個），重水素（D，中性子 1 個），三重水素（T，中性子 2 個）がある。同位体には多く存在するものもほとんど存在しないものもある。その存在割合を同位体存在度という。水素の場合には H（普通の水素）が 99.99 % であり，重水素が 0.01 % である（**表1・2**）。

表1・1　原子核の構成

	名　称	記号	電荷	質量（kg）	質量数
原子	電　子	e	$-e$	9.1093×10^{-31}	0
原子核	陽　子	p	$+e$	1.6726×10^{-27}	1
	中性子	n	0	1.6749×10^{-27}	1

表1・2　さまざまな同位体

記　号	H			C			Cl		U	
	$_1^1$H	$_1^2$H	$_1^3$H	$_6^{12}$C	$_6^{13}$C	$_6^{14}$C	$_{17}^{35}$Cl	$_{17}^{37}$Cl	$_{92}^{235}$U	$_{92}^{238}$U
陽子数	1	1	1	6	6	6	17	17	92	92
中性子数	0	1	2	6	7	8	18	20	143	146
存在比（%）	99.99	0.01	～0	98.9	1.1	～0	75.8	24.2	0.7	99.3

■ 1・2・3　モルと原子量

原子の相対的な質量を表す数値に**原子量**がある。原子量は同位体の質量数の加重平均を元にして決められた数値である。

原子1個の質量（重さ）は限りなく0gに近いが，たくさん集まれば一定の重さになる。そして，ある個数だけ集まればその質量は原子量（にgを付けたもの）に等しくなるはずである。

この個数を提唱者の名前をとって**アボガドロ数**という。アボガドロ数は 6.02×10^{23} である。そしてアボガドロ数個だけの集団を**1モル**という。モルは原子や分子を集団で扱う場合の単位である。これは鉛筆12本の集団を1ダースというのと全く同じことである（**図1・6**）。

また，モルを単位として表した粒子の量を**物質量**という。

$$物質量（mol）= \frac{粒子の個数}{アボガドロ定数（/mol）}$$

同位体存在度は場所によって異なる可能性があり，その場合，原子量も異なることになる。しかし質量数は常に一定である。

アボガドロ数：Avogadro's number

モル：mol

1モル当たりのアボガドロ数を，特に**アボガドロ定数**（6.02×10^{23} /mol）という。

アボガドロ定数：Avogadro's constant

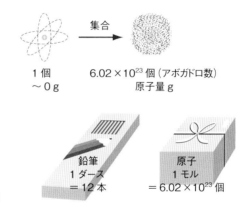

1個　　　　 6.02×10^{23} 個（アボガドロ数）
〜0g　　　　　 原子量g

鉛筆
1ダース
＝12本

原子
1モル
＝ 6.02×10^{23} 個

図1・6　モルと原子量

■ 1・3　電子殻と軌道

原子は電子と原子核からできている。しかし電子は原子核の周りに適当に集まっているわけではない。

■ 1・3・1　電子殻

原子を構成する電子は**電子殻**に入る。電子殻は原子核を中心として球殻状の形をしており，原子核に近いものから順にK殻，L殻，M殻，…とアルファベットのKから順に名前が付いている。

電子は好きな電子殻に入れるわけではない。各電子殻には収容できる電子の定員が決まっており，それはK殻2個，L殻8個，M殻18個，…である（**図1・7**）。

◉**発展学習**◉
電子殻のエネルギーを調べてみよう。

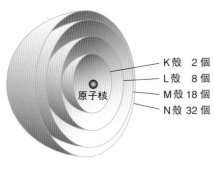

K殻　2個
L殻　8個
原子核
M殻18個
N殻32個

図1・7　電子殻の構造

表1・3　電子軌道

殻	軌道	軌道の個数	軌道の定員	殻の定員
K	1s	1	2×1	2
L	2s	1	2×1	8
	2p	3	2×3	
M	3s	1	2×1	18
	3p	3	2×3	
	3d	5	2×5	
N	4s	1	2×1	32
	4p	3	2×3	
	4d	5	2×5	
	4f	7	2×7	

■ 1・3・2　軌　道

　電子殻を詳細に見ると，電子殻は何個かの**軌道**からできていることがわかる。軌道には s 軌道，p 軌道，d 軌道など，多くの種類がある。

　K 殻は 1 個の s 軌道からできている。そして L 殻は 1 個の s 軌道と 3 個の p 軌道からできている。したがって s 軌道には K 殻のものと L 殻，M 殻，… のものがあり，互いに異なる。各々の違いを明らかにするため，番号を付けて区別する。すなわち 1s 軌道（K 殻），2s 軌道（L 殻），… などと呼ぶ。p 軌道に関しても同様である。

　電子殻に定員が決まっていたように，軌道にも定員がある。それは，"各軌道の定員は 2 個" という単純なものである。この結果，s 軌道 1 個からできている K 殻の電子の定員は 2 個，1 個の s 軌道と 3 個の p 軌道，合計 4 個の軌道からできている L 殻の定員は 8 個となる。これは前項で見た電子殻の定員と一致する（**表1・3**）。

● 発展学習 ●
各電子殻には固有の**量子数** n が定まっている。n と電子殻の定員，直径，エネルギーとの関係を調べてみよう。

● 発展学習 ●
量子数には n（主量子数）のほかに l（方位量子数），m（磁気量子数），s（スピン量子数）がある。それぞれどのようなものか調べてみよう。

● 発展学習 ●
軌道のエネルギーを調べてみよう。

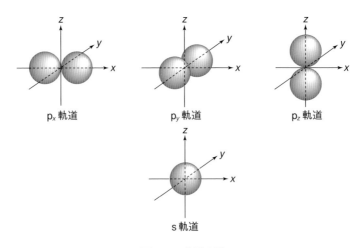

p_x 軌道　　　p_y 軌道　　　p_z 軌道

s 軌道

図1・8　軌道の形

1・3・3 軌道の形

軌道は固有の形をしている。その形は，**図1・8**に示した通りである。s軌道は球形であり，これを本書では"お団子形"と呼ぶことにしよう。

p軌道は2個のお団子を串に刺した"みたらし形"である。p軌道は3個あるが，形は全て等しい。違いは方向にあり，p_x軌道は串がx軸方向を向き，p_y，p_zはそれぞれy軸，z軸方向を向いている。

1・4 電子配置と価電子

原子を構成する電子は軌道に入る。電子が軌道にどのように入っているかを表したものを**電子配置**という。原子の性質は電子配置によって大きな影響を受ける。

1・4・1 電子配置の約束

電子が軌道に入るには守らなければならない約束がある。

① 電子は自転（スピン）をしなければならない。スピンには右回り，左回りがあり，それを矢印の向きで区別する（**図1・9**）。

② 電子はs軌道 → p軌道 → d軌道の順に入っていく。

③ 1個の軌道には最大2個の電子が入ることができる。

④ 1個の軌道に2個の電子が入るときには，スピンの向きを反対にしなければならない。

1・4・2 電子配置

原子番号の順に従って，実際に電子を入れていこう（**図1・10**）。

① H水素：1個の電子は前項の約束②に従って1s軌道に入る。

② Heヘリウム：2個目の電子は約束③，④に従って1s軌道にスピンを反対向きにして入る。

　これでK殻は定員一杯になった。このように電子殻に定員一杯の電子が入った状態を**閉殻構造**といい，特別の安定性がある。それに対して定員に満たない構造を**開殻構造**という。

③ Liリチウム：K殻が一杯になったのでリチウムの3個目の電子はL殻に入ることになり，約束②に従って2s軌道に入る。

このようにして電子は次々と軌道に入っていくことになる。そしてネオンNeになるとL殻は定員一杯になり，ヘリウムと同じように閉殻構造となって，安定する。

3個のp軌道p_x，p_y，p_zのエネルギーは全て等しい。このように，違う軌道であるにもかかわらずエネルギーの等しい軌道を互いに縮重軌道という。

スピンの違いを上下方向の矢印で表すことが多い。この矢印はスピン方向の違いを表すだけであり，右スピン，左スピンに対応するものではない。

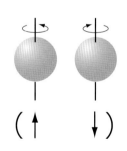

図1・9 電子のスピン

電子は実際に回転（自転）しているわけではない。二つの違った"状態"があるのである。これをわかりやすく表現するために「自転」という架空の現象を用いただけである。

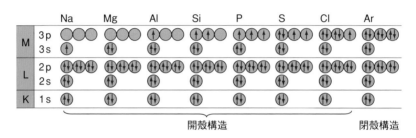

図 1・10　各元素の電子配置

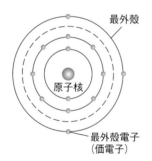

最外殻

原子核

最外殻電子
（価電子）

図 1・11　価電子（最外殻電子）

▌1・4・3　価 電 子

　原子において電子が入っている最も外側の電子殻を最外殻といい，そこに入っている電子を**最外殻電子**，あるいは**価電子**という（図 1・11）。

　価電子は原子の電子雲の最も外側にあるものであり，原子の性質を支配する電子である。

1・5　周期表と元素の周期性

　元素を原子番号に従って配列した表を**周期表**という（図 1・12）。元素の性質の一部は，周期表に従って周期的に変化することが知られている。

▌1・5・1　周 期 と 族

　周期表の左端にある数字は**周期**を表す。H と He は第 1 周期，Li から Ne は第 2 周期に属することになる。

　周期表の上部にある数字は**族**を表す。H からフランシウム Fr は 1 族元素であり，He からオガネソン Og は 18 族元素である。同じ族の元素は互いに似た性質を持つことが知られている。

周期には「第 1 周期」「第 2 周期」のように「第を付ける」が，族には「1 族元素」「2 族元素」のように「第を付けない」約束になっている。

▌1・5・2　原子半径の周期性

　図 1・13 は原子の半径を周期表の順に並べたものである。周期が増え

周期＼族	1	2	3	4	5	6	7	8	9	10	11	12	13	14	15	16	17	18
1	1H 水素																	2He ヘリウム
2	3Li リチウム	4Be ベリリウム											5B ホウ素	6C 炭素	7N 窒素	8O 酸素	9F フッ素	10Ne ネオン
3	11Na ナトリウム	12Mg マグネシウム											13Al アルミニウム	14Si ケイ素	15P リン	16S 硫黄	17Cl 塩素	18Ar アルゴン
4	19K カリウム	20Ca カルシウム	21Sc スカンジウム	22Ti チタン	23V バナジウム	24Cr クロム	25Mn マンガン	26Fe 鉄	27Co コバルト	28Ni ニッケル	29Cu 銅	30Zn 亜鉛	31Ga ガリウム	32Ge ゲルマニウム	33As ヒ素	34Se セレン	35Br 臭素	36Kr クリプトン
5	37Rb ルビジウム	38Sr ストロンチウム	39Y イットリウム	40Zr ジルコニウム	41Nb ニオブ	42Mo モリブデン	43Tc テクネチウム	44Ru ルテニウム	45Rh ロジウム	46Pd パラジウム	47Ag 銀	48Cd カドミウム	49In インジウム	50Sn スズ	51Sb アンチモン	52Te テルル	53I ヨウ素	54Xe キセノン
6	55Cs セシウム	56Ba バリウム	* ランタノイド 57〜71	72Hf ハフニウム	73Ta タンタル	74W タングステン	75Re レニウム	76Os オスミウム	77Ir イリジウム	78Pt 白金	79Au 金	80Hg 水銀	81Tl タリウム	82Pb 鉛	83Bi ビスマス	84Po ポロニウム	85At アスタチン	86Rn ラドン
7	87Fr フランシウム	88Ra ラジウム	** アクチノイド 89〜103	104Rf ラザホージウム	105Db ドブニウム	106Sg シーボーギウム	107Bh ボーリウム	108Hs ハッシウム	109Mt マイトネリウム	110Ds ダームスタチウム	111Rg レントゲニウム	112Cn コペルニシウム	113Nh ニホニウム	114Fl フレロビウム	115Mc モスコビウム	116Lv リバモリウム	117Ts テネシン	118Og オガネソン
イオンの価数	+1	+2	複雑（複数の値を示す）									+2	+3		−3	−2	−1	
名称	アルカリ金属†	アルカリ土類金属											ホウ素族	炭素族	窒素族	酸素族	ハロゲン	貴ガス元素

12族を遷移元素とする考えもある。

典型元素　遷移元素

典型元素

* ランタノイド	57La ランタン	58Ce セリウム	59Pr プラセオジム	60Nd ネオジム	61Pm プロメチウム	62Sm サマリウム	63Eu ユウロピウム	64Gd ガドリニウム	65Tb テルビウム	66Dy ジスプロシウム	67Ho ホルミウム	68Er エルビウム	69Tm ツリウム	70Yb イッテルビウム	71Lu ルテチウム
** アクチノイド	89Ac アクチニウム	90Th トリウム	91Pa プロトアクチニウム	92U ウラン	93Np ネプツニウム	94Pu プルトニウム	95Am アメリシウム	96Cm キュリウム	97Bk バークリウム	98Cf カリホルニウム	99Es アインスタイニウム	100Fm フェルミウム	101Md メンデレビウム	102No ノーベリウム	103Lr ローレンシウム

†H を除く。

図1・12　周期表

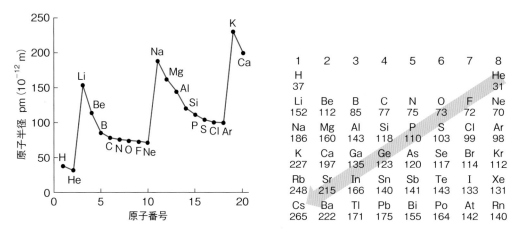

図1・13　原子半径の周期性（単位は pm（10^{-12} m））林　一彦（共著）『薬学系のための基礎化学』（裳華房，2015）より転載。

量子化学計算によって求めた軌道半径に基づく大きさである。

るほど（下に行くほど）大きくなり，同じ周期なら右に行くほど小さくなることがわかる。

1・5・3　イオン化の周期性

　Li が L 殻の電子を放出するとその電子配置は He と同じになる。これは閉殻構造であり，安定である。そのため，Li は電子1個を放出する傾向がある。電子1個を放出した Li は電子が1個少なくなるので +1 に荷電することになる。これを Li^+ と表記し，リチウムイオン（リチウム陽イオン）と呼ぶ（**図1・14上**）。

　同様のことは1族元素全てにいえることであり，そのため，1族元素は +1 価の陽イオンになりやすい。

原子 A が電子を2個放出したら2価の陽イオン（A^{2+}）となり，原子 B が2個の電子を受け入れたら2価の陰イオン（B^{2-}）となる。

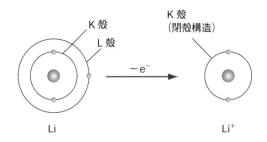

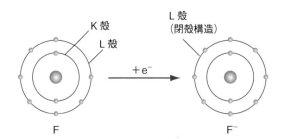

図1・14　イオン化の周期性（Li, F のイオン化）

一方，フッ素 F は L 殻に 7 個の電子を持っている。したがって新たに 1 個の電子を受け入れて −1 価のフッ化物イオン（フッ素陰イオン）になると閉殻構造になる（図 1・14 下）。そのため −1 価の陰イオンになりやすい。全く同様に 17 族元素は −1 価の陰イオンになりやすい。

このように，元素は周期表で属する族によって，どのようなイオンになりやすいかが決まっている。

●発展学習●
各族の元素はどのようなイオンになりやすいか調べよう。

1・5・4　電気陰性度の周期性

リチウムは電子を放出する性質があり，フッ素は電子を受け入れる性質がある。電子を受け入れる性質の大小を**電気陰性度**といい，数値で表す。図 1・15 は電気陰性度を周期表に従って並べたものである。周期表の右上にいくほど大きくなっていることがわかる。

ヘリウム He やネオン Ne 等の 18 族元素は不活性でイオン化しないので，電気陰性度は定義されない。

H							He
2.1							
Li	Be	B	C	N	O	F	Ne
1.0	1.5	2.0	2.5	3.0	3.5	4.0	
Na	Mg	Al	Si	P	S	Cl	Ar
0.9	1.2	1.5	1.8	2.1	2.5	3.0	
K	Ca	Ga	Ge	As	Se	Br	Kr
0.8	1.0	1.3	1.8	2.0	2.4	2.8	

図 1・15　電気陰性度の周期性

●**この章で学んだこと**・・

□ **1**　原子は雲のような電子と小さく重い原子核からできている。

□ **2**　原子核は陽子と中性子からできている。

□ **3**　陽子の個数を原子番号，陽子と中性子の個数の和を質量数という。

□ **4**　電子は電子殻に入り，電子殻は軌道からできている。

□ **5**　電子がどのような軌道に入るかを表したものを電子配置という。

□ **6**　電子が入っている電子殻のうち，最も外側のものを最外殻といい，そこに入っている電子を最外殻電子，あるいは価電子という。

□ **7**　電子殻が電子で満員になった状態は安定であり，閉殻構造という。

□ **8**　原子から電子がとれると陽イオンになり，電子が加わると陰イオンになる。

□ **9**　元素を原子番号の順に並べた表を周期表という。

□ **10**　元素の性質の中には周期性を示すものがある。

━━━━━━━━━━━━━━━━● 演 習 問 題 ●━━━━━━━━━━━━━━━━

1.1　教室を原子としたら，原子核はどの程度の大きさになるか，適当な物でたとえてみよ。

1.2　質量数 88，原子番号 44 の原子核には何個の中性子が含まれるか。

1.3　180 g の水には何個の水分子が含まれるか。

1.4　M 殻には s, p 軌道のほか，5 個の d 軌道がある。M 殻の電子の定員は何個になるか。

1.5　教科書を見ることなく，炭素 C，酸素 O の電子配置を書け。

1.6　ホウ素 B，窒素 N の価電子はそれぞれ何個になるか。

1.7　ベリリウム Be，酸素 O はそれぞれどのようなイオンになりやすいか。

1.8　同じ周期の原子は原子番号が増えると小さくなる。なぜか。

1.9　元素 C, F, Cl, O, N を電気陰性度の小さい順に，等号，不等号を付けて並べよ。

1.10　図 1・15 において，閉殻構造を持っている元素の元素記号と族の名称を示せ。

コラム

電子と電子雲

　電子は 1 個，2 個と数えることのできる粒子である。その粒子が電子雲という雲になるとはどういうことだろう？　雲は細かい水滴からできているが，その個数は無数である。ところが水素原子の電子は 1 個しかない。それがなぜ雲になりうるのだろう？

　それは，電子のいる場所が定まらないからである。原子の連続写真を撮ってみよう。電子は，あるときは原子核の近くにいるだろうし，あるときははるか離れているかもしれない。何万枚かの連続写真を一枚に重ね焼きしたら図のようになるはずである。電子が重なってまるで雲のように見えるのである。

　これが電子雲である。つまり電子雲は電子のいる確率を表すのである。色の濃い所には電子がいる確率が高く，薄い所には電子がいる確率が低いのである。これを電子の存在確率という。

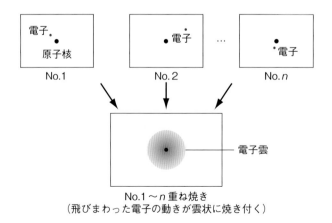

No.1～n 重ね焼き
（飛びまわった電子の動きが雲状に焼き付く）

化学結合と分子構造

● 本章で学ぶこと ●●●●●●●●●●●●●●●●●●●●●●●●●●●●●●●●●●●

　物質は分子からできており，分子は原子からできている。原子を結び付けて分子にする力を
結合という。結合にはイオン結合，金属結合や共有結合など多くの種類があり，中には水素結
合のように分子間で働く結合もある。共有結合は多くの有機化合物を構成する重要な結合であ
るが，飽和結合ともいわれる単結合や，不飽和結合といわれる二重結合，三重結合など，いく
つかの種類がある。

　これらの結合で構成される分子には多くの種類があり，メタンのような正四面体，エチレン
やベンゼンなどのように平面型のものもある。

　本章ではこのようなことを見ていこう。

 2・1　分子と結合

　分子は何種類かの原子が何個か集まってできたものであり，原子は強
く引き合っている。この力を**結合**という。結合には多くの種類がある。

2・1・1　分子式と分子量

　分子を構成する原子の種類とその個数を表した記号を**分子式**という。
水素分子の分子式は H_2 であり，2個の水素原子からできていることを示
す。水の分子式は H_2O であるが，これは1個の酸素原子と2個の水素
原子からできていることを表す。

　分子を構成する全ての原子の原子量の和を**分子量**という。水素分子な
ら $1+1=2$ が分子量であり，水なら $1 \times 2 + 16 = 18$ が分子量である。

　原子量と同様に1モルの分子の質量は分子量（の数値）に g を付けた
ものになる。したがって1モルの水素分子は2 g，水は18 gである。

物質名	分子式	分子量
水素	H_2	$1+1=2$
水	H_2O	$1 \times 2 + 16$ $= 18$
二酸化炭素	CO_2	$12 + 16 \times 2$ $= 44$

表2・1　化学結合の種類

	結合名		例
原子間	イオン結合		NaCl
	金属結合		Fe，Au
	共有結合	単結合	H－H　H_3C－CH_3
		二重結合	O＝O　H_2C＝CH_2
		三重結合	N≡N　HC≡CH
分子間	水素結合		H_2O''''H_2O
	ファンデルワールス力		ベンゼン''''ベンゼン

図2・13 (p.27) に見るように，分子間力は原子間に働く普通の結合に比べて非常に弱く，その結合エネルギーは10分の1にも満たない。

▌ 2・1・2　結合の種類

　表2・1は主な結合の種類をまとめたものである。結合には原子間に働くものと分子間に働くものがある。原子間に働く結合には食塩（塩化ナトリウム NaCl）を構成する**イオン結合**，金属を作る**金属結合**，有機化合物を作る**共有結合**がある。共有結合はさらに単結合，二重結合，三重結合に分けることができる。

　分子間に働く結合は**分子間力**と呼ばれる。水分子の間に働く水素結合や，ファンデルワールス力が代表的なものである。

2・2　イオン結合と金属結合

　正と負のイオンを結合させる力がイオン結合であり，金属原子を結合して金属の固体を作る力が金属結合である。

● 発展学習 ●
イオン結合の無方向性，不飽和性について調べてみよう。

静電引力

図2・1　イオン結合

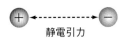

Na⁺　Cl⁻

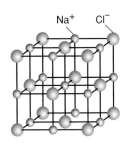

図2・2　塩化ナトリウムの結晶

▌ 2・2・1　イオン結合

　塩化ナトリウム NaCl はナトリウムイオン Na^+ と塩化物イオン Cl^- からできている。このように陰陽両イオンの間に働く静電引力による結合を**イオン結合**という（**図2・1**）。

　図2・2は塩化ナトリウムの結晶である。ここには NaCl という2原子からなる独立した単位分子は存在しない。結晶全体が一個の分子のような状態になっている。

▌ 2・2・2　金属結合

　金 Au や鉄 Fe などの金属原子は**金属結合**によって結合し，金属の固体を形成する。金属結合を作る原子は価電子を放出して金属イオンとなっている。このとき放出された電子を特に**自由電子**という（**図2・3**）。

　金属結合はガラス容器の中に積み上げた木のボールにたとえるとよい。ボールが金属イオンである。その周りに木工ボンドを入れるとボー

ルは接着されるが，このボンドに当たるものが自由電子である。

2・2・3　電 気 伝 導 性

　金属は電気の良導体（3・2・1項）であり，電流は電子の移動である。金属の電気伝導性は自由電子の移動に基づく。自由電子が楽に移動できるものが良導体であり，移動しにくいものは不良導体である。自由電子は金属イオンの間をすり抜けるようにして移動する。金属イオンが激しく動けば自由電子は移動しにくく，静止していれば動きやすい。このため，金属の電気伝導度は温度の上昇と共に下降し，電気抵抗は低温になると小さくなる（**図2・4**）。

　ある種の金属の電気抵抗はある温度以下でゼロになる。この温度を臨界温度といい，電気抵抗ゼロの状態を**超伝導状態**という（**図2・5**）。超伝導状態ではコイルに発熱なしに大量の電流を流せるため，強力な電磁石を作ることができる。これを超伝導磁石といい，JR のリニアモーターカーなどに利用されている。

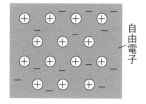

$$M \longrightarrow M^{n+} + ne^-$$
金属　　金属　自由
原子　　イオン　電子

図2・3　金属結合

◉ 発展学習 ◉
超伝導の利用例を調べてみよう。

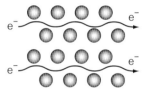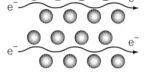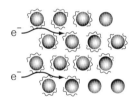

図2・4　金属の電気伝導度　　　　低温（電気伝導度が高い）　　　高温（電気伝導度が低い）

◉ 発展学習 ◉
超伝導磁石がどのようなものに利用されているか調べてみよう。また超伝導を利用するには液体ヘリウムが必要であるが，液体ヘリウムとはどのようなもので，なぜ必要なのだろうか？

図2・5　金属の電気抵抗と超伝導

2・3　共有結合と結合電子

　共有結合は，有機化合物をはじめ多くの化合物を構成する重要な結合である。

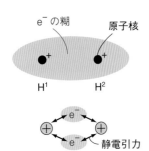

図2・6　水素分子の共有結合

■ 2・3・1　共有結合

　共有結合でできた分子の代表的な例は水素分子 H_2 である。水素原子は1個ずつの電子を持っている。分子を作るときには2個の水素原子が互いに自分の電子を出し合う。合わせて2個のこの電子は結合電子と呼ばれ，2個の水素原子核の中間に存在することになる。

　原子核は正に荷電し，電子は負に荷電している。そのため，原子核と電子の間には静電引力が働き，水素の原子核は結合電子を仲立ちとして結合することになる。これが共有結合の本質である（**図2・6**）。

■ 2・3・2　価　標

図2・7　価標

　共有結合は原子の間の握手にたとえることができる（**図2・7**）。結合のために互いに出し合う1個ずつの電子が握手の手に相当する。握手に使うことのできる電子は1個の軌道に1個だけ入った電子であり，不対電子と呼ぶ。

　不対電子を2個持っている原子は2本の握手をすることができ，3個持っていれば3本の握手をすることができる。不対電子の個数を**価標**という（**表2・2**）。

表2・2　不対電子の個数と価標

	Li	Be	B	C	N	O	F	Ne
不対電子	1	2	3	2	3	2	1	0
価　標	1	2	3	4	3	2	1	0

炭素の価標は特殊である。詳細については9・1・1項を参照のこと。

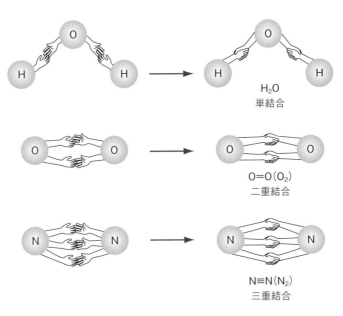

H_2O
単結合

$O=O (O_2)$
二重結合

$N≡N (N_2)$
三重結合

図2・8　単結合，二重結合，三重結合

2・3・3 飽和結合と不飽和結合

水素の価標は 1 であり，酸素の価標は 2 である。そのため酸素は 2 個の水素と共有結合することができる。このようにしてできた化合物が水 H_2O である。また窒素は価標が 3 なので 3 個の水素と結合し，アンモニア NH_3 を形成する。

2 個の酸素は互いに 2 本の手を出し合って結合することができる。このような結合を**二重結合**という。同様に窒素は 3 本ずつの手を出し合って結合する。これを**三重結合**という（図 2・8）。

水素分子の結合のように 1 本の握手でできた結合を単結合あるいは**飽和結合**という。それに対して二重結合，三重結合を**不飽和結合**という。

2・4　分子間に働く力

分子間にも引力が働く。これを**分子間力**という。

2・4・1 結合分極

共有結合でできた分子にも電気的に正の部分と負の部分が現れることがある。これを**結合分極**という。

図 2・9 は水素分子の結合電子を模式的に表したものである。2 個の電子からなる結合電子雲は左右対称に存在する。しかし塩化水素 HCl の結合電子雲は非対称である。これは H と Cl で電気陰性度が異なることによる。Cl の電気陰性度（3.0）は H（2.1）より大きい。そのため結合電子雲は Cl の方に引き寄せられるのである。

この結果 Cl は電子が多くなるのでわずかに負に荷電し，H はわずかに正に荷電する。このわずかの荷電を**部分電荷**といい，記号 δ（デルタ）で表す。このように共有結合がイオン性を帯びることを結合分極という。また，分子内に正と負の部分を持つ分子を**極性分子**という。

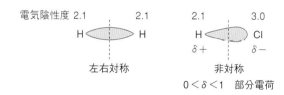

図 2・9　水素分子の結合分極

2・4・2 水　素　結　合

水の OH 結合を考えてみよう。酸素の電気陰性度は 3.5 であり，水素より大きい。そのため酸素はわずかに負に，水素はわずかに正に荷電す

水分子 H−O−H は極性分子であるが，二酸化炭素 O＝C＝O は電気的に中性である。それは，水分子は図 A のように結合角 ∠HOH が約 105° と「くの字」形に曲っているため合成電気モーメントが発生するのに対して，二酸化炭素は図 B のように直線状なので，両 C＝O 結合の電気モーメントが相殺されてイオン性がなくなるからである。

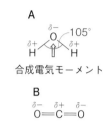

大きさからいうと $0 < \delta < 1$

$$\underset{H}{\overset{\delta+}{}}\diagdown\overset{\delta-}{O}\diagup\underset{H}{\overset{\delta+}{}}$$

の例では水は全体で中性なのだから

$(2 \times \delta+) + (\delta-) = 0$

となっている。このように，δ に定量性はない。

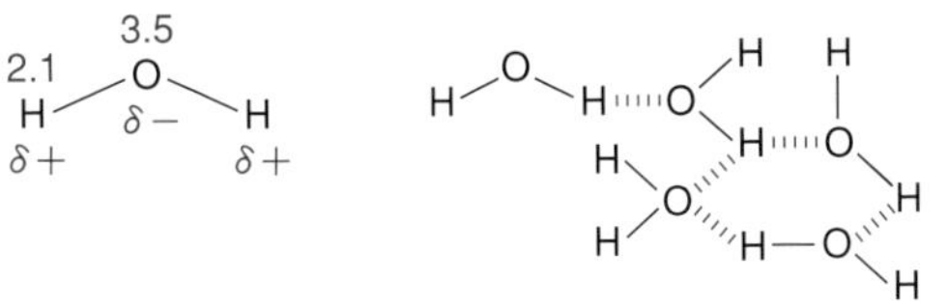

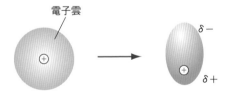

図2・10　水分子の水素結合（OH結合）

る。この結果，一つの水分子の酸素原子と，別の水分子の水素原子の間には静電引力が生じることになる。このような引力を**水素結合**という（**図2・10**）。

　水素結合の結果，水分子は何分子にもわたって互いに引き合うことになる。このようにしてできた集団を**会合**（クラスター）という。

2・4・3　ファンデルワールス力

　分子間力は極性分子の間だけでなく，中性の分子，あるいは原子の間にも働く。このような力を発見者の名前をとって**ファンデルワールス力**という。ファンデルワールス力は幾種類かの力に分けて考えることができるが，ここでは分散力について見てみよう。

　簡単のため，原子間に働く例について考える（**図2・11**）。電子雲が原子核の周りを均等に取り巻いていれば電子雲の負電荷の中心と原子核の正電荷の位置が一致し，原子は中性である。しかし電子雲は雲のようなもので瞬間的に動くことがある。すると，正・負の中心がずれ，原子に正の部分と負の部分が現れる。

　ほかの原子にも同様のことが起これば両者の間に静電引力が働く。このような引力がファンデルワールス力の原因の一つである。

ファンデルワールス力：
van der Waals force

●発展学習●
ファンデルワールス力のほかの二つの力を調べてみよう。

電子雲

ファンデルワールス力のうち，このように電荷を持たない粒子の間に働く力を特に分散力という。

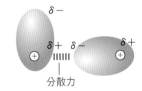

分散力

図2・11　ファンデルワールス力

2・5　結合エネルギー

結合を断ち切るために必要なエネルギーを**結合エネルギー**という。

2・5・1　結合のエネルギー関係

図2・12は結合エネルギーがどのようなものかを表したものである。上下はエネルギーの大小を表す。A＋Bは原子AとBが結合していない状態を表す。A–Bは結合した状態である。結合した状態は一般に安定である。そのため，A–Bが低エネルギーにとってある。

この両者の間のエネルギー差が結合エネルギーである。したがって，AとBが結合すれば，このエネルギーが熱エネルギーとして外部に放出される。反対にA–Bにこのエネルギーが供給されれば結合A–Bは切断され，2個の原子A, Bになる。

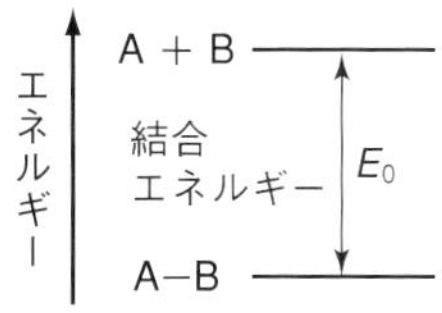

図2・12　結合のエネルギー関係

2・5・2　結合エネルギーの値

結合には強くて切断されにくい結合もあれば，弱くてすぐに切れる結合もある。前者は結合エネルギーの大きい結合であり，後者は小さい結合である。

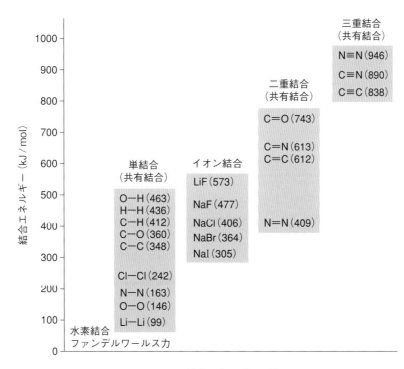

図2・13　結合エネルギーの値

　　図 2・13 は結合エネルギーをまとめたものである。まず，水素結合やファンデルワールス力などの分子間力が非常に弱い結合であることがわかる。

　　共有結合である単結合，二重結合，三重結合を比べると，この順に結合エネルギーが大きくなっていく。しかし，C−C 結合の単結合 (348 kJ/mol)，二重結合 (612 kJ/mol)，三重結合 (838 kJ/mol) を見ればわかるように，決して 2 倍，3 倍になっているわけではない。

　　イオン結合はだいたい単結合と二重結合の中間くらいの強さである。中でも，最も電気陰性度の離れている組み合わせである LiF の結合がいちばん強くなっている。

● この章で学んだこと ●••••••••••••••••••••••••••••••••••••••

□ **1**　分子を構成する原子の種類と個数を表す記号を分子式という。
□ **2**　分子を構成する全ての原子の原子量の和を分子量という。
□ **3**　イオン結合は陰陽両イオン間の静電引力である。
□ **4**　金属結合は自由電子に基づく結合である。
□ **5**　共有結合は結合電子による結合である。
□ **6**　共有結合には単結合，二重結合，三重結合がある。
□ **7**　共有結合は結合分極を起こしてイオン結合性を帯びることがある。
□ **8**　水分子の酸素と水素の間の静電引力を水素結合という。
□ **9**　ファンデルワールス力は中性の分子の間にも働く。
□ **10**　結合を切断するために要するエネルギーを結合エネルギーという。

━━━━━━━━━━━━━━━━━━━━▶ ● 演 習 問 題 ● ◀━━━━━━━

2.1　エタノールの分子式は C_2H_6O である。分子量を求めよ。

2.2　二酸化炭素 28 g の中には何個の分子が存在するか。

2.3　Na^+ と Cl^- の電子配置を示せ。

2.4　金属の電気抵抗が低温になると小さくなる理由を示せ。

2.5　ケイ素の価標はいくつと考えられるか。

2.6　窒素と水素の間で作る共有結合化合物の結合状態を示せ。

2.7　二酸化炭素 CO_2 の結合状態を示せ。

2.8　CO 結合はどのように分極するかを示せ。

2.9　ケイ素と酸素の共有結合の結合状態を示せ。

2.10　ナトリウムとハロゲン元素（図 1・12 参照）の結合エネルギーを比較するとどのようなことがわかるか。

第3章

元素の性質と反応

●本章で学ぶこと

　特定の原子で代表される物質の種類を "元素" という。たとえていえば "個人" が "原子" であり，"人間" が "元素" である。地球上で安定に存在する元素は原子番号1の水素から92のウランまでのうち，原子番号43のテクネチウムを除いた91種類である。それ以外の元素は人工的に作られた元素であり，特に原子番号93以上の元素は超ウラン元素という。

　元素は周期表によって分類される。周期表の1，2族と，12〜18族の元素を典型元素といい，それ以外の元素を遷移元素という。周期表で同じ族に属する典型元素は互いによく似た性質を持っている。典型元素には金属元素も非金属元素もあるが，遷移元素は全て金属元素である。

　本章ではこのようなことを見ていこう。

3・1　1, 2, 12 族元素とその分子

　周期表の1，2族と，12〜18族の元素を**典型元素**といい，それ以外の元素を**遷移元素**という（12族は遷移元素に含める場合もある）。

3・1・1　1 族 元 素

　周期表の1族元素のうち水素 H を除いた元素を**アルカリ金属元素**という。1族元素は＋1価の陽イオンになりやすい。

A　水素 H（**図3・1**）：最も小さな原子で，宇宙で最も大量に存在する原子である。水素分子 H_2 は最も軽い気体であり，気球に用いられた。水素分子は酸素と爆発的に反応し水 H_2O となる。水の分子量は18であるがそのうち2は水素原子によるものである。すなわち，水の重量のうち 2/18，つまり約1割は水素の重量なのである。

B　ナトリウム Na（**図3・2**）：白くて金属光沢を持つ軟らかい金属であ

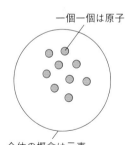

一個一個は原子

全体の概念は元素

"原子" と "元素"

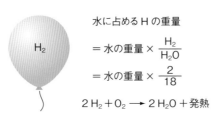

水に占める H の重量

$$= 水の重量 \times \frac{H_2}{H_2O}$$

$$= 水の重量 \times \frac{2}{18}$$

$$2\,H_2 + O_2 \longrightarrow 2\,H_2O + 発熱$$

図 3・1　水素の性質

ナトリウムは塩化ナトリウム NaCl を電気分解して得られる。重曹（重炭酸ソーダ，炭酸水素ナトリウム）NaHCO₃ や炭酸ソーダ（炭酸ナトリウム）Na₂CO₃ は掃除用品としても用いられる。なお「ソーダ」はナトリウム（ドイツ語名）の英語名 sodium に由来する名称である。

る。酸素や湿気と反応するので石油中に保存する。ナトリウムは水と爆発的に反応し，水素 H₂ を発生して水酸化ナトリウム NaOH となる。

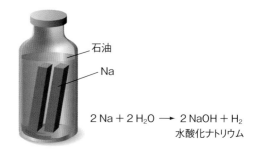

石油

Na

$$2\,Na + 2\,H_2O \longrightarrow 2\,NaOH + H_2$$
水酸化ナトリウム

図 3・2　ナトリウムの性質

3・1・2　2 族 元 素

　2 族元素は**アルカリ土類金属元素**といわれる。＋2 価の陽イオンになりやすい。

A　マグネシウム Mg：銀白色の金属であり，比重は 1.74 である。水素吸蔵金属であり，自重の 7.6 % の重量の水素を吸収する。

B　カルシウム Ca：銀白色の金属である。生体中の骨の主成分をなす。酸化カルシウム CaO は生石灰と呼ばれ，水と反応して 消 石 灰 Ca(OH)₂ となる。この反応のため，食品保存などの際の乾燥剤として利用される。

$$2\,Ca + O_2 \longrightarrow 2\,CaO$$
酸化カルシウム（生石灰）

$$CaO + H_2O \longrightarrow Ca(OH)_2 + 発熱$$
水酸化カルシウム（消石灰）

3・1・3　12 族 元 素（図 3・3）

　金属元素であり，＋2 価の陽イオンとなりやすい。

A　亜鉛 Zn：青みを帯びた銀白色の金属である。鉄板にメッキしたものをトタンといい，建材に用いる。銅との合金を真 鍮 という。

B　水銀 Hg：室温で液体のただ一つの金属である。温度計や水銀灯，蛍光灯などに利用される。有毒なので取り扱いに注意を要する。各種

●発展学習●
水俣病の原因を調べてみよう。

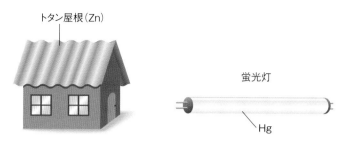

トタン屋根(Zn)

蛍光灯

Hg

図3・3 12族元素（亜鉛，水銀）の用途

水銀は非常に有毒なので，環境中に拡散しないように注意することが大切である。

の金属を溶かしてアマルガム（水銀合金）になる。

 ## 3・2 13, 14, 15 族元素とその分子

13族はホウ素族，14族は炭素族，15族は窒素族といわれる。

3・2・1 13 族 元 素 (図3・4)

13族元素はホウ素族といわれ，＋3価のイオンになりやすい。ホウ素は半導体であるが，それ以外は良導体である。

A　ホウ素B：ホウ酸H_3BO_3は弱い酸であるが殺菌作用があり，消毒剤やゴキブリ退治などに使われる。

B　アルミニウムAl：銀白色の軟らかい金属であり，比重は2.7である。地殻中に存在する元素としては酸素，ケイ素に次いで3番目に多い。酸化されると表面に酸化アルミニウム（アルミナ）Al_2O_3の緻密な膜を作り内部を保護するため，耐食性がある。

物質のうち，電気をよく通すものを良導体，通さないものを絶縁体，その中間のものを半導体という。14族元素のゲルマニウムGe，ケイ素（シリコン）Siなどは典型的な半導体である。

●発展学習●
気体元素である酸素がなぜ地殻中に多いのか，理由を考えてみよう。

このようなものを不動態という。

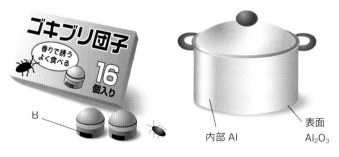

B

内部 Al

表面
Al_2O_3

図3・4 13族元素（ホウ素，アルミニウム）の用途

3・2・2 14 族 元 素

14族は炭素族といわれ，イオンになりにくい。炭素Cは非金属，ケイ素SiとゲルマニウムGeは半導体，スズSnと鉛Pbは良導体である。

A　炭素C（図3・5）：有機物を構成する主要元素である。炭素にはダ

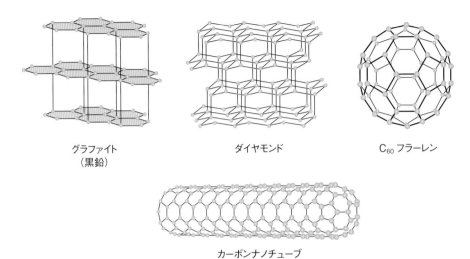

| グラファイト
（黒鉛） | ダイヤモンド | C_{60} フラーレン |

カーボンナノチューブ

図3・5　炭素の同素体

一種類の元素だけでできた物質で構造，性質の異なるものを互いに同素体という。

◉ 発展学習 ◉
固体と非晶質固体の違いを調べてみよう。

イヤモンドや黒鉛（グラファイト）のほかにも，フラーレンやカーボンナノチューブなど，多くの**同素体**がある。

B　ケイ素 Si：半導体の重要な原料である。二酸化ケイ素 SiO_2 の結晶は水晶であるが，非晶質固体（アモルファス）がガラス（石英ガラス）である（図4・5 (p.44) 参照）。

C　スズ Sn（**図3・6**）：灰白色の金属であり，食器に利用される。銅との合金は青銅（ブロンズ）と呼ばれ，美術品に用いられる。鉄板にスズをメッキしたものはブリキと呼ばれ，カンヅメのカンなどに用いられる。

ブリキ　　　　青銅（ブロンズ）　　図3・6　スズの用途

3・2・3　15 族 元 素

15 族元素は窒素族といわれ，−3 価のイオンになりやすい。

A　窒素 N：空気の約 80 % を占める。酸素と反応してさまざまな構造の酸化物 NOx（ノックス；**表3・1**）を作る。ノックスは水に溶けると硝酸 HNO_3 などの酸になり，酸性雨の原因となる。また光化学スモッグの原因にもなる。

表3・1　窒素酸化物（NOx）

N_2O_5	NO_2 N_2O_4	N_2O_3	NO	N_2O
無色 固体	黄色 液体	赤褐色 気体	無色 気体	無色 気体

B　リン P：リンは遺伝を司る核酸（DNA, RNA）や，生体エネルギー
を司る ATP の構成元素であり，生体で重要な役割を果たしている。

リンは生体にとって重要な元素であるだけに，生体にとって重大な妨げになることもある。白リンは猛毒であるし，リン化合物には人間にとっても有毒な各種殺虫剤があり，また化学兵器として知られるサリン，ソマン，VX ガスなどもリン化合物である。

　3・3　16, 17, 18 族元素とその分子

16 族は酸素族あるいはカルコゲン元素，17 族は**ハロゲン元素**，18 族は
貴ガス元素といわれる。

3・3・1　16 族 元 素

16 族元素は−2価のイオンになりやすい。

A　酸素 O：空気の約 20 % を占める。反応性に富み，多くの元素と酸
化物を作る。同素体として酸素分子 O_2 とオゾン O_3 がある。オゾン
は成層圏の一部にオゾン層を作り，有害な宇宙線から地球を守ってい
る。

B　硫黄 S：硫化物として多くの鉱物に含まれる。酸化されるとさまざ
まな構造の酸化物を作るため，まとめて SOx（ソックス）と表現され
る（**表3・2**）。

酸素は磁性を持ち，液体酸素は磁力に吸い寄せられる。

SOx は水に溶けると硫酸 H_2SO_4 などの強酸になって酸性雨の原因になる。また，かつて公害の「四日市ぜんそく」の原因物質ともなった。

表3・2　硫黄酸化物（SOx）

SO	SO_2	SO_3	SO_4
無色 気体	無色 気体	無色 固体	無色 固体

3・3・2　17 族 元 素

17 族元素は　1価のイオンになりやすい。

A　フッ素 F：淡い黄緑色で猛毒の気体である。最も反応性の高い元素
であり，18 族元素を除く全ての元素と反応する。CCl_3F など，炭素，
塩素との化合物はフロンと呼ばれ，エアコンやスプレーなどに用いら
れたが，オゾン O_3 を分解してオゾン層に穴（オゾンホール）を開ける
ことが明らかとなった（**図3・7**）。

B　塩素 Cl：黄緑色で猛毒の気体である。水に溶けると塩化水素 HCl
と次亜塩素酸 HClO となり，塩酸（塩化水素酸）を発生する。塩素は

フロンは，メタン CH_4，エタン C_2H_6 の水素 H の一部をフッ素に置き換えたもので，塩素 Cl を含むものも多い。

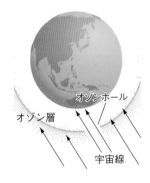

種類	構造式	沸点(℃)
フロン 11	CCl_3F	23.8
フロン 12	CCl_2F_2	−29.97
フロン 113	$CClF_2-CCl_2F$	45.57
フロン 114	$CClF_2-CClF_2$	3.77
フロン 115	$CClF_2-CF_3$	−39.05

図3・7　オゾン層とフロン

ポリ塩化ビニルは塩化ビニルがたくさん結合したものである（第11章参照）。

プラスチックの一種であるポリ塩化ビニルの原料であり，DDT，BHC，ダイオキシン，PCB など，有毒な有機塩化物の原料でもある（図3・8）。

DDT　　　　　　　　BHC　　　　　　ダイオキシン　　　　　　PCB

$1 \leqq m+n \leqq 8$　　　$1 \leqq m+n \leqq 10$

図3・8　塩素を含む化合物

ダイオキシンの記号 $1 \leqq m+n \leqq 8$ において，m，n はそれぞれ1個のベンゼン環に結合した塩素原子 Cl の個数を表す。この記号は，2個のベンゼン環に結合した塩素原子の個数の和が1個〜8個に限られることを表す。つまり，ダイオキシンには塩素原子の個数，その結合位置の違いによって多くの種類があり，そのいくつかは有毒であるがいくつかは無毒である。PCB に関しても同様である。

日本ではヘリウムを産出せず，アメリカから輸入している。

▌3・3・3　18族元素（図3・9）

18族元素は**不活性ガス**とも呼ばれ，反応性に乏しい。

A　ヘリウム He：宇宙全体では水素に次いで多い。水素に次いで軽い気体で，燃える恐れがないので気球に用いられる。沸点が約−269℃と全物質中最低である。超伝導は極低温でしか起こらない現象なので，超伝導物質を冷却するために液体ヘリウムが使われている。

B　ネオン Ne：ネオンの気体中で放電すると赤色の光を発光するのでネオンサインに用いられる。またレーザーにも用いられる。

気球・飛行船　　　　　　　ネオンサイン

図3・9　18族元素（ヘリウムとネオン）の用途

3・4　遷移元素とその分子

3 族から 11 族までの元素を**遷移元素**という。3 族元素は次節で見ることにして，ここでは 4 族から 11 族について見ることにしよう。

3・4・1　典型元素と遷移元素

地球上で安定に存在する元素は水素からウランまでのうち，テクネチウムを除いた 91 種類であるが，そのうち典型元素は 46 種類であり，残り 45 種類は遷移元素である（**図 3・10**）。典型元素には非金属，金属元素があるが，遷移元素は全て金属である。

典型元素は族ごとに明確な性質の違いがあったが，遷移元素は族が異なっても性質に明確な違いは観察されない。そもそも "遷移元素" という名前は，周期表で両端にある典型元素に挟まれ，徐々に性質が遷移する元素であるという意味で付けられた名前である。

12 族を遷移元素に含めると典型元素は 43 種類，遷移元素は 48 種類となる。

	1	2	3	4	5	6	7	8	9	10	11	12	13	14	15	16	17	18
1	H																	He
2	Li	Be											B	C	N	O	F	Ne
3	Na	Mg											Al	Si	P	S	Cl	Ar
4	K	Ca	Sc	Ti	V	Cr	Mn	Fe	Co	Ni	Cu	Zn	Ga	Ge	As	Se	Br	Kr
5	Rb	Sr	Y	Zr	Nb	Mo	Tc	Ru	Rh	Pd	Ag	Cb	In	Sn	Sb	Te	I	Xe
6	Cs	Ba	La*	Hf	Ta	W	Re	Os	Ir	Pt	Au	Hg	Tl	Pb	Bi	Po	At	Rn
7	Fr	Ra	Ac**	Rf	Db	Sg	Bh	Hs	Mt	Ds	Rg	Cn	Nh	Fl	Mc	Lv	Ts	Og

*ランタノイド	La	Ce	Pr	Nd	Pm	Sm	Eu	Gd	Tb	Dy	Ho	Er	Tm	Yb	Lu
**アクチノイド	Ac	Th	Pa	U	Np	Pu	Am	Cm	Bk	Cf	Es	Fm	Md	No	Lr

図 3・10　遷移元素（色を付けた部分）

3・4・2　遷移元素の性質

主な遷移元素の性質を見てみよう（**図 3・11**）。

A　チタン Ti：軽い（比重 4.5）が丈夫で耐食性に優れた金属なので，航空機やメガネのつるなどに用いられる。酸化チタン TiO_2 は紫外線を吸収すると表面が活性化され，種々の有害物質を分解する光触媒となる。

B　鉄 Fe：現代文明の土台を支える金属であり，あらゆるところで使わ

比重が約 5 より小さいものを軽金属，5 より大きいものを重金属という。

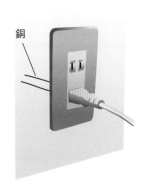

図3・11　さまざまな遷移元素の用途

れている。比重は 7.6 で重金属である。多くの合金を作るが，クロム Cr やニッケル Ni との合金は錆び（ステン）ないのでステンレスと呼ばれる。

C　白金 Pt：銀白色の美しい金属であり，宝飾品に使われる。各種触媒として欠かせないものであり，燃料電池でも使われている。埋蔵量が少なく高価なのが難である。

D　銅 Cu：赤色の軟らかい金属である。電気伝導性が銀に次いで 2 番目に高いので導線として用いられる。スズとの合金はブロンズ，亜鉛との合金は真鍮など，各種の合金を作る。

E　銀 Ag：白色の美しい金属であり，宝飾品，貨幣として用いられてきた。臭化銀 $AgBr$ は感光剤として写真の歴史を支えてきた。

F　金 Au：黄色の美しい金属であり，宝飾品として利用され，金本位制の下で貨幣経済を支えてきた。比重は大きく 19.3 である。展性，延性に優れ，1 g の金を針金にすると 2800 m の長さになる。化学的には不活性であり，普通の酸には溶けないが，王水（硝酸：塩酸 ＝ 1：3 の

ホワイトゴールドは白金のことではなく，金とほかの金属の合金であり，元素ではない。白金はプラチナである。

金製品には K 14, K 18 等の記号が彫ってあるが，これは金合金における金の含有量を表す。つまり純金を K 24 として，K 18 なら 18/24 ＝ 75（パーセント）が金であることを示す。

混合物）には溶ける。

3・5　希土類・ランタノイド・アクチノイド元素

　周期表の3族は変わっている。周期表の下に特別に付け足されている。この付け足し部分を**ランタノイド元素，アクチノイド元素**という。

3・5・1　希 土 類

　3族のうち，アクチノイドを除いたものを**希土類**という。

　希土類の元素は互いに性質が似ており，分離が困難なので混合物として利用されることもある。希土類の用途は，強力な永久磁石，レーザー光線の発光源，水素吸蔵合金，半導体など多方面にわたり，現代文明の最先端部分を支える金属である。

希土類（レアアース）は全部で17種類の元素の集合であるが，全てがレアメタルの仲間である。レアメタルというのは，現代科学産業にとって重要な元素であるにもかかわらず，日本でほとんど産出されない希少金属のことである。47種類の元素が指定されている。

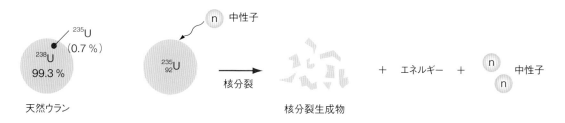

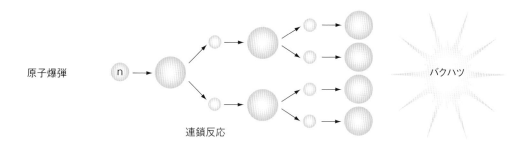

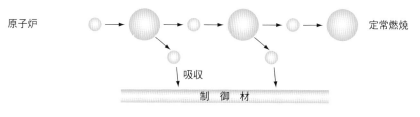

図3・12　ウランとその核分裂

■ 3・5・2　アクチノイド

　アクチノイドのうち，天然に存在するのは原子番号 92 番のウランまでで，それ以上の元素は人工的に作り出されたものである。このような元素を超ウラン元素という。

A　ウラン U（**図 3・12**）：ウランは原子爆弾の原料，原子炉の燃料である。天然のウランは同位体 ^{235}U（0.7 %）と ^{238}U（99.3 %）の混合物である。^{235}U は中性子と反応して核分裂を起こし，膨大なエネルギー，核分裂生成物と共に複数個の中性子を発生する。この中性子が別の ^{235}U と反応して核分裂を起こす，という具合に反応は連鎖反応を起こし，ねずみ算的にふくらんでいく。

●発展学習●
原子炉のしくみを調べてみよう。

　この連鎖反応をそのまま用いたのが原爆である。それに対して，核分裂で発生する中性子の個数を制御材で減少させ，定常燃焼に抑えたのが原子炉である。

B　プルトニウム Pu：プルトニウムは原子番号 94，質量数 239 である。原子炉中で ^{238}U が中性子と反応して生成する。^{239}Pu は原子炉の燃料となり ^{235}U と同様にエネルギーを生産する。また，高速増殖炉の燃料としても期待されている。

$$^{238}_{92}U \xrightarrow{\text{高速中性子}} {}^{239}_{94}Pu$$

原子炉の燃料になる

●この章で学んだこと●••••••••••••••••••••••••••••••••••

- □ **1**　1，2 族と 12〜18 族の元素を典型元素といい，それ以外の元素を遷移元素という。
- □ **2**　1 族元素は ＋1 価のイオンとなる。
- □ **3**　水素を除く 1 族元素はアルカリ金属と呼ばれる。
- □ **4**　2 族元素はアルカリ土類金属と呼ばれ ＋2 価のイオンとなる。
- □ **5**　12 族元素は ＋2 価のイオンとなる。
- □ **6**　13 族元素はホウ素族と呼ばれ ＋3 価のイオンとなる。
- □ **7**　14 族元素は炭素族と呼ばれイオンになりにくい。
- □ **8**　15 族元素は窒素族と呼ばれ －3 価のイオンとなる。
- □ **9**　16 族元素は酸素族，あるいはカルコゲン元素と呼ばれ，－2 価のイオンとなる。
- □ **10**　17 族元素はハロゲンと呼ばれ －1 価のイオンとなる。
- □ **11**　18 族元素は貴ガス元素と呼ばれ，イオンにならず，反応性も乏しい。
- □ **12**　スカンジウム，イットリウムとランタノイドを合わせて希土類という。
- □ **13**　原子番号 93 番以上の原子は人工的に作られた元素であり，超ウラン元素といわれる。

●○ 演 習 問 題 ○●

3.1 水素と酸素の反応式を書け。

3.2 ナトリウムと水の反応式を書け。

3.3 酸化カルシウムと水の反応式を書け。

3.4 次の合金の成分を答えよ。
a) 真鍮   b) 青銅（ブロンズ）   c) ステンレス

3.5 酸素の同素体を答えよ。

3.6 地殻中に大量に存在する元素をその順番に応じて三つ答えよ。

3.7 SOx, NOx とはそれぞれ何か。

3.8 ウランの同位体のうち, 原子炉の燃料になるものを答えよ。

3.9 ヘリウムはどのような用途に使われるか答えよ。

3.10 レアメタルとはどのようなものか答えよ。

コラム

原子核の安定性

原子核は陽子と中性子という二種の粒子からできている。原子核はこの二種の粒子がパチンコ玉のように集まってできているのではなく, コーヒーの液滴とミルクの液滴が混じるように, 互いに混じり合って均一な組成の液体となっている。これを原子核の液滴モデルという。

液滴が大きくなると分裂するように, 原子核も大きくなり過ぎると不安定になって分裂する。このようなことで, 原子核には安定なものと不安定なものがある。**図**は原子核の安定性と原子番号の関係を表したものである。原子番号 26 程度, つまり鉄 Fe が最も安定であり, それより大きくても小さくても不安定ということになる。

原子番号 92 のウラン U のように大きい原子核は, 壊れて小さな原子核になった方が安定である。このような反応を核分裂反応といい, このとき発生する核分裂エネルギーは原子爆弾や原子力発電

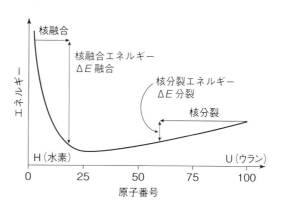

図　原子核の安定性と原子番号の関係

に利用されている。

一方, 原子番号 1 の水素 H のような小さな原子核は 2 個融合してヘリウム He になる。この反応を核融合といい, 発生するエネルギーは核融合エネルギーと呼ばれ, 水素爆弾や核融合炉に利用される。

（13・3・4 項参照）

第4章

物 質 の 状 態

●本章で学ぶこと●●

　水は常温では液体であるが，低温で固体となり，高温で気体となる。固体，液体，気体など
を物質の状態という。物質がどのような状態をとるかは温度と圧力によって決まる。状態と温
度・圧力の関係を示したグラフを状態図という。

　物質の状態は固体，液体，気体のほかにもある。二酸化ケイ素の固体には水晶とガラスがあ
る。水晶は結晶であるが，ガラスは非晶質（アモルファス）である。液晶テレビなどに使う液
晶も，細胞膜を作る分子膜も状態の一種である。

　気体状態の分子は全て1気圧0℃で1モルが22.4Lの体積を占めるが，その体積は絶対温
度に比例し，圧力に反比例する。

　本章ではこのようなことを見ていこう。

 4・1　気体・液体・固体

　物質は分子でできている。しかし，物質の性質は分子を見ただけでは
わからない。水は低温で固体の氷になり，高温で気体の水蒸気になる。
しかし，水分子1個を見たのでは，固体，液体，気体の区別はない。こ
のような区別は，多くの分子が集合を作った状態で初めて生じるのであ
る（図4・1）。

4・1・1　固　体

固体の中にはガラスやプラス
チックのような非晶質固体
（アモルファス）もあるが
（4・3・1項），ここでは結晶だ
けを考えることにする。

　固体（結晶）では分子は三次元にわたって整然と積み上げられている。
分子はその位置から動くことはなく，また方向を変えることもない。こ
れを位置の規則性と配向（方向）の規則性のある状態という。しかし，
結晶中の分子も振動を行っており，その程度は温度と共に激しくなる。

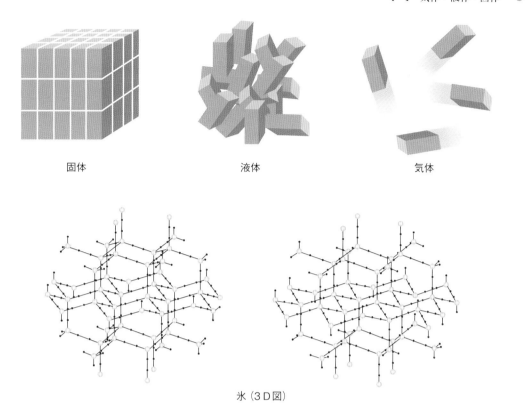

固体   液体   気体

氷（3D図）

図4・1 物質の三態と氷の構造

■ 4・1・2 液 体

液体中の分子は位置の規則性も，方向の規則性も失っている。分子は思い思いの位置と方向を占め，しかも動きまわっている。これが液体の流動性の原因である。しかし分子間の距離は固体とほぼ同じである。水の比重が氷と水でほとんど同じなのはこの理由による。

■ 4・1・3 気 体

気体を構成する分子は高速で飛びまわっている。その速度は室温で時速数百 km と航空機並みである。このような分子が壁に当たって示す力が圧力である。したがって，気体の示す体積は気体分子の飛びまわる"範囲"を示すものであり，気体分子自体の体積とは無関係になる。このため，気体の体積は分子の種類に関係なく，1気圧0℃ で1モルが22.4 L である。

■ 4・1・4 温 度 と 状 態

物質の状態は温度によって変わる。固体を加熱すると液体になる。これを融解といい，その温度を融点（melting point, mp）という。反対に

溶液は複数種類の物質の混じった液体である。

各種の状態の中で固体，液体，気体は最も代表的な状態なので，特に物質の三態ということがある。三態間の変化については図4・2を参照されたい。

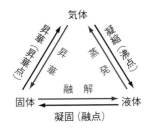

図4・2　三態間の変化

液体を冷却すると融点で固体になる。また液体を加熱すると**沸点**（boiling point, bp）で蒸発して気体になり，気体を冷却すると沸点で**凝縮**して液体になる。

固体は液体を通らずに気体になることもある。ドライアイスは二酸化炭素の固体であるが，ドライアイスは直接気体の二酸化炭素に変化する。この現象を**昇華**といい，その温度を**昇華点**という（図4・2）。

4・2　状態図と臨界状態

物質の状態は，温度，圧力が変わると変化する。

4・2・1　状態図

図4・3の領域 I，II，IIIの状態をそれぞれ固相，液相，気相ということもあり，図4・3の図を相図ということもある。

物質の状態と温度，圧力の関係を表した図を**状態図**という。

図4・3は水の状態図である。図は3本の線分で三つの領域に分けられている。温度と圧力の組み合わせがどの領域に入っているかによって，水の状態が異なる。すなわち，領域 I では固体の氷になっている。領域 III では気体の水蒸気，そして領域 II では液体の水になる。

4・2・2　状態図の線分

圧力の単位には気圧（atm）のほかにパスカル Pa も用いられる。両者の関係は次式で表される。

$$1\ atm = 1.013 \times 10^5\ Pa$$

図には3本の線 ab，ac，ad がある。温度と圧力の組がちょうど線上に乗ったらどうなるのだろうか。線 ab は気体と液体を分ける線であ

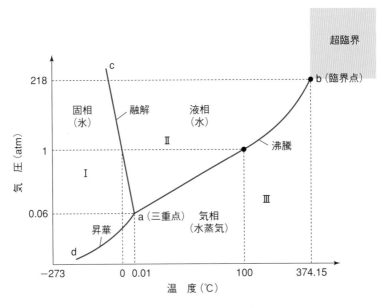

図4・3　状態図（水 H_2O の例）

る。温度・圧力の条件がこの線上にあるということは，気体と液体が同時に存在するということであり，そのような状態は沸騰状態である。そのためこの線を蒸気圧曲線（沸騰線）と呼ぶ。圧力1気圧の横線と線abの交点の温度は100℃であり，1気圧での水の沸点になっている。

同様に，線acは融解曲線（融解線），adは昇華曲線（昇華線）と呼ばれる。

4・2・3　三重点

点aでは固体,液体,気体の三つの状態が接している。すなわち,この点ではこれら三つの状態が同時に存在する。氷を浮かべた氷水が激しく沸騰しているのである。しかしこの条件は0.01℃，0.06気圧という減圧状態なので,特殊な実験条件下でのみ観察される現象である（**図4・4**）。

4・2・4　臨界点

線abは無限に伸び続けるのではない。点bで終りになる。点bは**臨界点**といわれ，温度374.15℃，圧力218気圧である。

臨界点を超えた状態を超臨界状態という。この状態では，水は気体と液体の区別がなくなった特殊な状態となる。すなわち，水としての粘度と気体としての激しい分子運動を同時に持つ状態である。

臨界状態の水は有機物をも溶かす。そのため有機反応の溶媒として利用することができる。これは通常の反応後に出る汚染された有機溶媒が不要になることを意味し，環境問題の解決策として注目される。

臨界状態の二酸化炭素も有機反応の溶媒に利用できることが知られており，水と同じように注目を集めている。

◉発展学習◉
二酸化炭素の状態図を見つけ水のものと比較してみよう。

0.01℃　0.06気圧

図4・4　三重点

環境問題に留意し，環境を汚さないように配慮した化学を特にグリーンケミストリー（グリーン：緑，ケミストリー：化学）という。

4・3　分子膜・液晶・アモルファス

純粋物質は全て固体，液体，気体の状態を持つが，そのほかの状態を持つ物質もある。

4・3・1　非晶質固体

4・1・1項で見たように，固体（結晶）は位置の規則性と配向の規則性を併せ持った状態であった。しかし，固体にはこのほかの状態もある。その典型的な例がガラスである（**図4・5**）。

ガラスは二酸化ケイ素SiO_2の固体である。しかし二酸化ケイ素の結晶は水晶（石英）である。水晶では二酸化ケイ素を構成するケイ素原子と酸素原子は規則的に配置しているが，ガラスではその位置が崩れてい

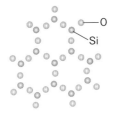

水晶（結晶）

ガラス（アモルファス）

図4・5　水晶（結晶）（上）とガラス（アモルファス）（下）の模式図

る。すなわち，ガラスの構造は規則性を欠いているのである。

　石英を加熱すると融点で溶けて液体となる。しかしこの液体は非常に粘い。そのため，冷却されると原子は元の結晶状態の位置に戻る前に動きが止まってしまう。つまり，液体状態のまま固体になってしまう。これが**非晶質固体**，**アモルファス**といわれる状態である（コラム参照）。

　普通の金属は微小な結晶の集合体である。しかしアモルファス状態の金属は今まで知られなかった優れた性質を持つことがわかってきた。アモルファス金属の製作には溶融状態の金属を急冷することが大切である。

4・3・2　液　晶

　液晶テレビやパソコン，携帯電話の表示装置として**液晶**は現代生活に欠かせないものである。液晶は結晶でも液体でもない状態である。

　液晶は配向の規則性を持つが位置の規則性を失った状態である。すなわち液晶状態では，分子は液体と同じように自由に動いて流動性を持つが，結晶と同じように全ての分子が同じ方向を向いているのである（**図4・6**）。

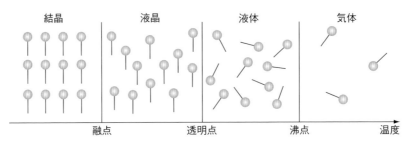

図4・6　状態と分子

● 発展学習 ●
液晶の配向と電気，光の関係を調べてみよう。

　液晶状態をとる物質も低温では結晶である。この結晶を加熱すると融点で融けて流動性を獲得する。しかし透明ではなく，牛乳のような不透明な状態となる。この状態が液晶状態である。液晶をさらに加熱すると透明点に達したところで透明になり，液体状態となる。すなわち，液晶状態とは，融点から透明点に達するまでの一定の温度範囲でだけ現れる状態である（図4・7）。

　液晶分子の構造の例を**図4・8**に示した。液晶分子の向き（配向）は電気や物理的な方法で規制することができる。また，光は液晶分子の方向によってその透過性に影響を受ける。この二つの性質を組み合わせたものが液晶表示である。

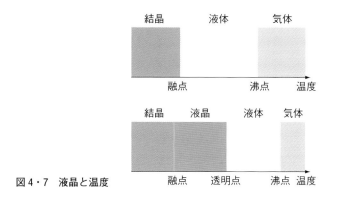

図4・7 液晶と温度

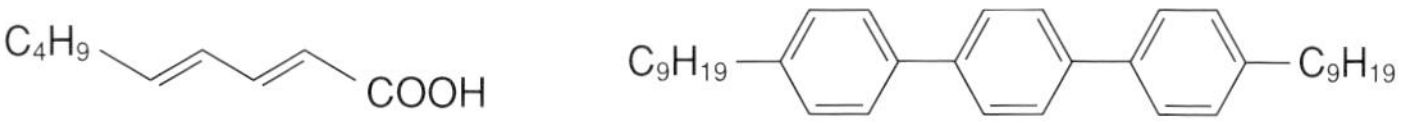

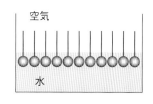

図4・8 液晶分子の例

■ 4・3・3 分子膜

分子には砂糖（ショ糖, スクロース；$C_{12}H_{22}O_{11}$）のように水に溶ける（親水性）ものと, 油のように水に溶けない（疎水性）ものがある。

同一分子内に親水性の部分と疎水性の部分を併せ持つ分子を両親媒性分子（図4・9）という。一般的には界面活性剤, あるいは洗剤がその例である。この分子を水に溶かすと, 親水性部分を水に入れ, 疎水性部分を空気中に出すため, 水面に膜状になって浮かぶ。この状態を**分子膜**という（図4・10）。

分子膜は重ね合わせることもできる（図4・11）。2枚の分子膜が重なったものを**二分子膜**という。身近な二分子膜の例はシャボン玉と細胞膜である。シャボン玉は親水性の部分を合わせた二分子膜であり, 膜の間に水が挟まったものである。それに対して細胞膜は疎水性部分を合わ

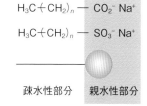

図4・9 両親媒性分子の疎水性部分と親水性部分

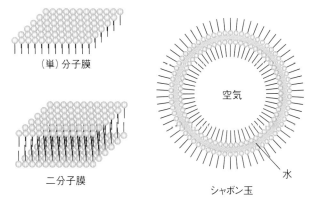

（単）分子膜

二分子膜

シャボン玉

図4・11 二分子膜

空気

水

図4・10 分子膜

●発展学習●
分子膜と洗濯の関係を調べてみよう。

せたものである。細胞膜はリン脂質という両親媒性分子でできた二分子膜に，タンパク質やコレステロールなど，多くの物質が挟み込まれたものなのである（図 12・2（p.114）参照）。

4・4　気体状態方程式

気体と温度圧力の関係を表したものを**気体状態方程式**という。

4・4・1　理 想 気 体

気体状態の分子はいろいろの方向へいろいろの速度で飛んでいる。分子は容器の壁に衝突するが，その分子が壁を押す力が圧力となる。したがって，圧力を解析すれば分子の運動性を明らかにすることができる。

しかし，現実は異なる。分子は，たとえ無視できるほど少量であっても固有の体積を持つ。さらに，分子間にはファンデルワールス力などの分子間力が働く。これらを考慮すると，気体の性質は分子によって異なることになり，気体一般の性質を考察することはできなくなる。

そのため，個々の分子の固有の性質を失った一般的な気体を考え，これを**理想気体**という。理想気体とは，形も体積も分子間力も持たない，質点のような分子からできた気体のことである。それに対して，水素，二酸化炭素のように実際に存在する気体を**実在気体** という（**図4・12**）。

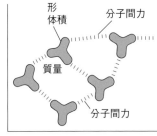
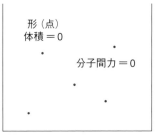

図4・12　実在気体と理想気体

4・4・2　理想気体方程式

理想気体の体積 V と温度 T，圧力 P の関係を表す式を理想気体状態方程式といい，式4・1で表される。

式4・1を変形すると次頁の式4・2となる。式4・2は，圧力一定の下では気体の体積は温度に比例することを示している。この現象は，冷蔵庫から出したペットボトルが音を出して膨らむなど，日常経験するもの

$PV = nRT$　　（式4・1）

P：圧力，　V：体積
n：モル数，　T：絶対温度
R：気体定数
　　（$R = 8.31\ \text{J/(K mol)}$）

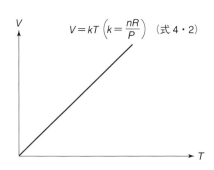

$$V = kT \left(k = \frac{nR}{P} \right) \quad \text{（式 4・2）}$$

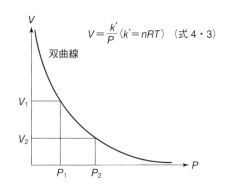

双曲線

$$V = \frac{k'}{P} \left(k' = nRT \right) \quad \text{（式 4・3）}$$

である。

式4・1はまた式4・3にも変形できる。式4・3は，温度一定ならば体積は圧力に反比例することを示す。エアガン（空気銃）はこの原理を応用したものである。

4・4・3　実在気体方程式

式4・1は理想気体にだけ適用できるものであり，実在の気体には当てはまらない。

実在気体に適応した状態方程式を実在気体状態方程式，あるいは**ファンデルワールスの式**といい，式4・4で表される。ここでパラメータ a, b は気体の種類によって異なるものであり，実際の数値は実験で求めるものである。

$$\left(P + \frac{n^2 a}{V^2} \right) \left(V - nb \right) = nRT \quad \text{（式 4・4）}$$

● この章で学んだこと ●●●●●●●●●●●●●●●●●●●●●●●●●●●●●●

- □ **1**　固体には位置と配向の規則性がある。
- □ **2**　液体は規則性を失い流動性を獲得した状態。
- □ **3**　気体は分子が激しく動いている状態。
- □ **4**　物質の状態と温度，圧力の関係を表した図を状態図という。
- □ **5**　三重点では固体，液体，気体が共存する。
- □ **6**　臨界点を超えた状態を超臨界状態という。
- □ **7**　液体が液体状態のまま固まったものを非晶質固体，アモルファスという。
- □ **8**　流動性を持つが，全ての分子が同じ方向を向いた状態を液晶という。
- □ **9**　分子が膜状になった集団を分子膜という。
- □ **10**　気体の体積は絶対温度に比例し，圧力に反比例する。

● 演 習 問 題 ●

4.1 高山で普通に炊いたご飯が美味しくないのはなぜか。

4.2 氷に圧力をかけたらどうなるか。

4.3 フリーズドライの原理を説明せよ。

4.4 シャボン玉を冷却したらどうなるか。

4.5 液晶を透明点以上に加熱したらどうなるか。

4.6 アモルファス金属を作る際に，冷却速度が大切になるのはなぜか。

4.7 圧力が 1 気圧から 3 気圧となったら，気体の体積はどのように変化するか。

4.8 温度が 0 ℃ から 100 ℃ に上昇したら気体の体積はどのようになるか。

4.9 水 9 g を 0 ℃，0.5 気圧の下で気化させたら体積はいくらになるか。

4.10　スマートフォンを冷却したらどうなるか。

コ ラ ム

三 態 以 外 の 状 態

　三態以外の状態としてよく知られているものに，非晶質固体（アモルファス），液晶，分子膜などがある。ここではアモルファスについて見てみよう（4・3・1 項）。

　水の結晶である氷は融点まで加熱すると液体の水になり，冷やすと氷に戻る。

　水晶は二酸化ケイ素 SiO_2 分子の結晶であり，全ての分子が整然と積み重なったものである。これを加熱すると融けてドロドロ，つまり流動性のある液体になる。しかしこれを冷やしても元の水晶には戻らず，ガラスになる。

　これは，二酸化ケイ素の分子の運動性が乏しく，温度が下がってもすぐ元の結晶の状態に戻ることができないからである。ぐずぐずしている間に温度が下がって運動エネルギーを失い，液体状態のまま固まってしまったもの。それがガラス，つまりアモルファスである。プラスチックの固体もアモルファスである。

　金属アモルファスは作るのが困難で，金（75 %）とシリコン（ケイ素：25 %）との合金など例はごくわずかであるが，結晶状態の金属とは異なった強靭性，超耐食性，磁性，超伝導性など優れた性質を持つことがわかっている。今後の研究が待たれるところである。

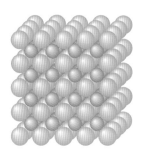
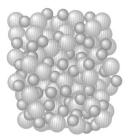

結晶　　　　　　　　　　アモルファス

溶液の性質

●本章で学ぶこと

　生体反応はもとより，多くの化学反応は溶液中で起こる。溶液は溶質と溶媒の混合物である。溶質には溶けやすいものとそうでないものがある。溶けやすさを表す尺度が溶解度である。溶液には沸点と融点があるが，それは純粋の溶媒とは異なる。溶液の沸点は純粋溶媒より高く，融点は低くなり，その程度は溶質濃度に依存する。溶媒と溶質は常に一緒に移動するとは限らない。細胞膜に代表される半透膜は溶媒を通すが溶質は通さない。

　水溶液は H^+ と OH^- を含む。H^+ の多い溶液を酸性といい，OH^- が多く H^+ の少ない溶液を塩基性という。H^+ の濃度を表す尺度が水素イオン指数であり pH で表す。

　本章ではこのようなことを見ていこう。

5・1　溶 解 と 溶 解 度

　溶液は液状の混合物であり，物質を液体で溶かしたものである。この物質を溶かすものを**溶媒**といい，溶かされる物質を**溶質**という。砂糖水なら砂糖が溶質であり，水が溶媒である。

5・1・1　溶 解

熱せられた鉄が液体になるように，物質が液体になることを融ける（融解）といい，砂糖（ショ糖，スクロース）が水に溶けるように，物質が液体に溶けることを溶解という。溶解によってできた液体を**溶液**という。

　砂糖や食塩（塩化ナトリウム）NaCl は水に溶けるが，油やバターは水に溶けない。一般に溶媒は自分と似た性質のものを溶かす。砂糖は分子内に多くのヒドロキシ基（OH）を持つので水に似ており，塩化ナトリウムは極性物質なのでやはり水に似ている。しかし，油やバターにそのような性質はない。

　表5・1に溶けるもの，溶けないものの組み合わせを示した。金は王水以外に溶けないといわれるが（3・4・2項参照），自分と同じ金属の液体である水銀には溶ける。

表5・1　溶けるもの，溶けないものの組み合わせ

種類	溶質		
	イオン性 NaCl 塩化ナトリウム	分子 ナフタレン	金属 Au 金
溶媒 イオン性 H_2O 水	○	×	×
非イオン性 C_6H_{14} ヘキサン	×	○	×
金属 Hg 水銀	×	×	○

▌5・1・2　溶 媒 和

　一般には砂糖も小麦粉も水に"溶ける"という。しかし化学的には，砂糖は溶けるというが小麦粉は溶けるとはいわない。

　化学的に"溶ける"ということは，溶質の分子が1個ずつバラバラになり，周りを溶媒で囲まれることをいう。このような状態を**溶媒和**という。溶媒が水の場合には特に**水和**という。溶媒和の状態にある溶質と溶媒の間には分子間力が働き，溶媒が水の場合には主に水素結合が働く（**図5・1**）。

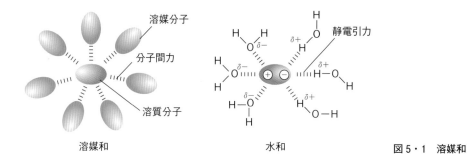

溶媒和　　　　　　　　　　水和

図5・1　溶媒和

▌5・1・3　溶 解 度

　一定量の溶媒に溶ける物質の量を**溶解度**という。**図5・2**は100gの水

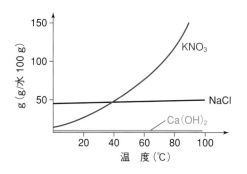

図5・2　いろいろな物質の水（100g）への溶解度

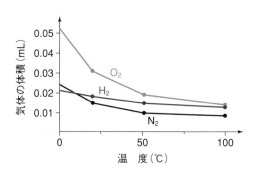

図5・3　気体の水（100g）への溶解度

に溶ける固体の質量と温度の関係を表したものである。

　溶媒に溶けるものは液体や固体だけではない。気体も溶ける。しかし気体の溶解度は温度が上がると低下する（**図5・3**）。夏になると湖沼の魚が酸素不足で死ぬことがあるのはこのためである。

　気体の溶解度（質量）は圧力に比例する。100 Lの溶媒に1気圧で1g溶ける気体は2気圧になると2g溶けることになる。これを発見者の名前をとって**ヘンリーの法則**という（**図5・4上**）。

　気体の溶解度を体積で考えてみよう。4・4・2項で見たように，気体の体積は圧力に反比例する。したがって，圧力が2倍になれば溶ける気体の質量は2倍になるが体積は半分になる。つまり，気体の溶解度（体積）は圧力にかかわらず一定である，ということになる（**図5・4下**）。

■ 5・2　蒸気圧と沸点・凝固点

　分子は常に動いている。その激しさは温度に比例する。液体の分子も例外ではない。液体表面では，液体分子のあるものは空気中に飛び出している。一方，空気中にある液体の分子はまた液体中に飛び込んでくる。

5・2・1　蒸 気 圧
　液体の分子が空気中で示す圧力を**蒸気圧**という。蒸気圧は温度と共に上昇し，ある温度になると蒸気圧と大気圧（1気圧）が等しくなる。この状態を沸騰といい，その温度を沸点という（**図5・5**）。

　2種類の液体AとBの混合物（溶液）の蒸気圧を考えてみよう。液体の表面には混合比に従ってAとBの分子が並ぶ。これらの分子が空気中に飛び出すチャンスは液体の表面に並ぶチャンスと同じである。それらの分子が実際に飛び出すかどうかはその分子の性質にかかっている。

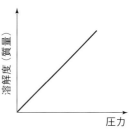
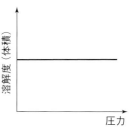

図5・4　ヘンリーの法則の表現

ヘンリーの法則：Henry's law

◉ **発展学習** ◉
炭酸飲料のビンを開けると泡がでる理由を考えてみよう。

液体が気体に変化する現象全体を**気化**と呼び，**蒸発，揮発，沸騰**がある。蒸発は液体がその表面において気化する現象であり，常温で起こる蒸発を特に揮発という。液体を加熱したとき，その蒸気圧が液体の表面にかかる圧力よりも大きくなると，液体の内部から気化が生じる。この現象を沸騰という。

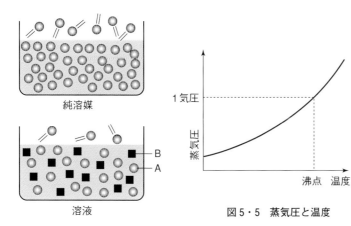

純溶媒

溶液

図5・5　蒸気圧と温度

▌ 5・2・2　ラウールの法則

A, B 2 種の液体の混合物が示す蒸気圧 P は，A に基づく分と B に基づく分に分けて考えることができる。それぞれを分圧といい，P_A, P_B で表す。すると P は分圧の和 (P_T) になるから式 5・1 (図 5・6 参照；以下同じ) が成立する。分圧は溶液中に占める A，B の割合に従うので，式 5・2, 5・3 となる。モルで表した濃度を**モル分率**という。この関係を発見者の名前をとって**ラウールの法則**という。

ラウールの法則を図 5・6 に示した。分圧がモル分率に関係し，全圧が分圧の和になっていることがわかる。

ラウールの法則：Raoult's law

液体の蒸気圧がラウールの法則に従ったとき，その液体を特に理想溶液という。

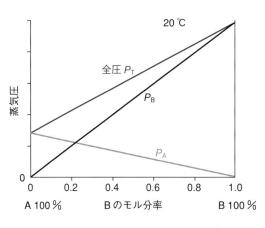

$$P_T = P_A + P_B \qquad (式 5・1)$$

$$P_A = P_A{}^0 \frac{n_A}{n_A + n_B} \quad (式 5・2)$$

$$P_B = P_B{}^0 \frac{n_B}{n_A + n_B} \quad (式 5・3)$$

$P_A{}^0$, $P_B{}^0$: 純粋の A, B の蒸気圧

n_A, n_B : モル数

$\dfrac{n_A}{n_A + n_B}$: A のモル分率

図 5・6　ラウールの法則

▌ 5・2・3　沸点上昇・凝固点降下

揮発しない (不揮発性) 物質を溶かした溶液の蒸気圧を考えてみよう。液体の表面には溶媒の分子と共に不揮発性分子が並ぶ。このうち揮発 (蒸発) して蒸気圧を示すことができるのは溶媒分子だけである。したがってこの溶液の蒸気圧は純溶媒の蒸気圧より下がることになる。そのため，蒸気圧を大気圧に等しくするためには，純溶媒より高い温度が必要になる。そのため，溶液の沸点は高くなる。これを**沸点上昇**という。

また，2 種の分子が入り乱れた混合物を結晶という整然とした状態にするためには，純溶媒より低い温度が必要になり，凝固点 (融点) は低くなる。これを**凝固点降下**という。

海水や生体液が 0℃ で凍らないのは凝固点降下のせいである。

▌ 5・2・4　分子量測定

溶媒 1000 g に溶質 1 モルを溶かしたときの沸点上昇，凝固点降下をそれぞれモル沸点上昇 K_b，モル凝固点降下 K_f という。

K_b, K_f を使うと試料の分子量を測定することができる。ショウノウ 1000 g に未知試料 100 g を混ぜた溶液の凝固点を測ったところ，ショウ

ノウの凝固点 178 ℃より 40 ℃低い 138 ℃だったとしよう。ショウノウ
の K_f は 40.0 だから，この実験結果は，このショウノウ溶液にはちょう
ど 1 モルの物質が溶けていることを示す。すなわち，100 g が 1 モルな
のだから，この物質の分子量は 100 ということになる（表 5・2）。

表 5・2　いろいろな溶媒の凝固点と沸点

溶媒	凝固点（℃）	K_f	沸点（℃）	K_b
水	0	1.86	100	0.52
ベンゼン	5.5	5.12	80.2	2.57
ショウノウ	178	40.0	209	6.09

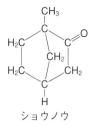

ショウノウ

<ruby>樟脳<rt>しょうのう</rt></ruby>：クスノキ（楠）から採
れる樹脂。かつて，タンスに
入れる防虫剤として用いた。
芳香がある。

5・3　半透膜と浸透圧

　布は液体を通すが，ガラスは液体を通さない。これは布には大きな穴
が開いているが，ガラスには穴がないからである。

5・3・1　半透膜

　セロハン紙はどうだろうか。セロハン紙には小さな穴が開いている。
したがって水のような小さな分子は通ることができるが，砂糖のような
大きな分子は通ることができない。セロハン紙のように，小さな分子は
通すが大きな分子は通さない膜を**半透膜**という（図 5・7）。

　セロハン紙で袋を作り，その中に砂糖を入れて水槽に沈めてみよう。
砂糖はセロハン袋から出ることはできないが，水は袋に入ることができ
る。この結果，セロハン袋の中は水浸しとなり，砂糖は溶けて砂糖水と
なる（図 5・8）。

細胞膜をはじめとする生体膜
は半透膜である。

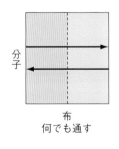
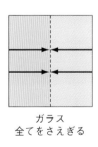
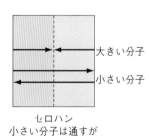

布
何でも通す

ガラス
全てをさえぎる

セロハン
小さい分子は通すが
大きい分子は通さない

図 5・7　半透膜

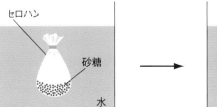

図 5・8　半透膜と砂糖水

▌5・3・2　浸 透 圧

図5・9のように，ピストンの底を抜いて，代わりに半透膜を張ったものを作ってみよう。ピストンの中に砂糖水を入れて，全体を水槽に沈めたらどうなるだろうか。

ピストンの中に水が入ってきて，ピストンの蓋は持ち上げられることになる。このとき，ピストンに圧力πを加えたところ，蓋は押し下げられてもとの高さに戻ったとしよう。このときの圧力πを**浸透圧**という。

フォントホッフの式：
van't Hoff equation

浸透圧をπ，もともとの溶液の体積をV，溶質のモル数をnとすると式5・4（図5・9）が成立する。この式を発見者の名前をとって**ファントホッフの式**という。気体状態方程式とよく似た式である。

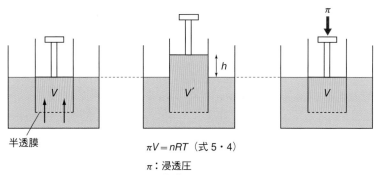

$$\pi V = nRT \quad (\text{式}5\cdot4)$$
π：浸透圧
V：体積
n：溶質モル数

半透膜

図5・9　浸透圧

5・4　酸・塩 基

塩酸 HCl は酸であり，水酸化ナトリウム NaOH は塩基である。酸，塩基とはどのようなことだろうか。

▌5・4・1　酸 ・ 塩 基

「酸・塩基」は「物質の種類」を指す術語であり，「酸性・塩基性」は「溶液の性質」を指す術語である。

酸とは水素イオン H^+ を放出するもののことである。塩酸は次頁の反応式5・1に従って H^+ を放出する。硫酸 H_2SO_4 も同様に酸である（反応式5・2）。

塩基とは水に溶けて水酸化物イオン OH^- を放出するものである。水酸化ナトリウムは反応式5・3で OH^- を出すから塩基である。一方アンモニア NH_3 は，反応式5・4のように水と反応してアンモニウムイオン NH_4^+ と共に OH^- を出すから，やはり塩基である。

ところで，NH_3 は H^+ と反応して NH_4^+ となる。つまり H^+ を取り込んでいる。同様に OH^- は H^+ と反応して水となり，H^+ を取り込んでいる。してみると塩基は次のように定義してもよいことになる。

◉ 発展学習 ◉
酸，塩基にはどのようなものがあるか調べてみよう。

塩基とは H^+ を取り込むもののことである。

$$\text{酸}\begin{cases}HCl \longrightarrow H^+ + Cl^- & (反応式5・1)\\ H_2SO_4 \longrightarrow 2H^+ + SO_4^{2-} & (反応式5・2)\end{cases}$$

$$\text{塩基}\begin{cases}NaOH \longrightarrow Na^+ + OH^- & (反応式5・3)\\ NH_3 + H_2O \longrightarrow NH_4^+ + OH^- & (反応式5・4)\end{cases}$$

$$\text{塩基}\begin{cases}NH_3 + H^+ \longrightarrow NH_4^+ & (反応式5・5)\\ OH^- + H^+ \longrightarrow H_2O & (反応式5・6)\end{cases}$$

$$\text{酸} \longrightarrow H^+ \longrightarrow \text{塩基}$$
（H^+ を出す）　　　　　　（H^+ を受けとる）

5・4・2　水素イオン指数

酸は H^+ を出すものであり，塩基は H^+ を受け取るものである。したがって，酸，塩基の濃度を測るには H^+ の濃度を測ればよいことになる。水素イオンの濃度を表す指標を**水素イオン指数 pH** という。

pH の定義は式5・5で表される。すなわち，対数にマイナスを付けたものである。対数であるから，数値が1違うと10倍違うことになる。またマイナスが付いているので，濃度が高くなると pH は小さくなることになる（表5・3）。

pH はピーエッチ（英語）と読む。

$pH = -\log[H^+]$　（式5・5）
$[H^+]$：H^+ の濃度

表5・3　pH と水素イオン濃度

pH	0	1	2	3	4	5	6	7	8	9	10	11	12	13	14
べき数	10^0			………				10^{-7}		………				10^{-14}	
小数	1.0			………			0.0000001			………		0.00000000000001			
分数	$\frac{1}{1}$			………			$\frac{1}{1000万}$			………		$\frac{1}{100兆}$			

5・5　酸　性・塩　基　性

酸を溶かした溶液は酸性であり，塩基を溶かした溶液は塩基性であり，水は中性である。酸性，塩基性，中性とはどのようなことであろうか。

5・5・1　酸性・塩基性

酸性とは酸の多い状態である。酸が多ければ H^+ が多くなるから，**酸性とは H^+ の多い状態**といい直すことができる。

反対に塩基性とは OH^- の多い状態であるが，OH^- は H^+ を取り込んで水になってしまうので，OH^- が多ければ H^+ は少ない。つまり，**塩基性とは H^+ の少ない状態**といい直すことができる。

したがって，溶液が酸性か塩基性かは H^+ の濃度で決まることになる。

● 発展学習 ●
塩基とアルカリ，塩基性とアルカリ性の区別を調べてみよう。

▌5・5・2　水 の 電 離

　水は酸性でも塩基性でもなく，中性の物質である。しかし水もわずか
ではあるが，酸や塩基と同じように電離して H^+ と OH^- を出す。

　水が出す H^+ と OH^- の濃度の積（式5・6）を水のイオン積 K_w といい，
その値は 25℃ で $10^{-14} (mol/L)^2$ である。中性の水では H^+ と OH^- の濃
度は等しくなるので，それぞれの濃度は式5・7に示したように 10^{-7}
(mol/L) となる。

$$H_2O \rightleftharpoons H^+ + OH^-$$
$$[H^+][OH^-] = 10^{-14} (mol/L)^2 = K_w \quad （式5・6）$$
$$中性では \ [H^+] = [OH^-]$$
$$\therefore \ [H^+] = 10^{-7} (mol/L) \quad\quad\quad （式5・7）$$

　このときの水素イオン指数は
$$pH = -\log 10^{-7} = -(-7) = 7$$
となる。すなわち，中性とは $pH = 7$ の状態のことなのである。

▌5・5・3　pH と酸性・塩基性

　酸性とは中性よりも H^+ の多い状態である。ということは，pH が 7
より小さい状態のことである。

　反対に塩基性とは中性よりも H^+ の少ない状態である。すなわち，pH
が 7 より大きい状態である。

　pH と酸性，塩基性の関係を図5・10に示した。

pH	0	1	2	3	4	5	6	7	8	9	10	11	12	13	14
物質例	5%硫酸		レモン	ミカン		スイカ		牛乳	血液		セッケン液	灰汁			水酸化ナトリウム 4%水酸化ナトリウム

図5・10　さまざまな物質の pH 値

▌5・5・4　中 和

　酸と塩基の反応を**中和**という。中和は一般に発熱を伴う激しい反応で
ある。中和によって水と共に生じる物質を**塩**という。塩化水素と水酸化
ナトリウムの反応で生じる塩化ナトリウムは塩である。

酸性の溶液に塩基性の溶液を
少しずつ加える（滴定）と，
中和されて中性となる。中性
では溶液中の酸の分子数と塩
基の分子数（モル数）が等し
くなっている。分子のモル濃
度（個数濃度）未知（モル濃
度 x とする）の酸試料 a mL
に濃度既知（モル濃度 c とす
る）の標準塩基試料 b mL を
加えたときに中性となったと
しよう。
このとき，酸のモル数（分子
数）ax と塩基のモル数 cb は
等しい。したがって濃度未知
試料のモル濃度は $x = cb/a$
であることがわかる。このよ
うな操作を一般に**中和滴定**と
いう。

$$HCl + NaOH \xrightarrow{\text{中　和}} NaCl + H_2O$$

$$HCl + NH_3 \longrightarrow NH_4Cl$$

$$\underset{\text{酸}}{H_2SO_4} + \underset{\text{塩基}}{Ca(OH)_2} \longrightarrow \underset{\text{塩}}{CaSO_4} + 2\,H_2O$$

●この章で学んだこと●・・・・・・・・・・・・・・・・・・・・・・・・・・・・

- □ **1**　溶けるということは溶質分子が溶媒和されること。
- □ **2**　溶質がどれだけ溶けるかを表す指標を溶解度という。
- □ **3**　気体の溶解度は温度が上がると低下する。
- □ **4**　気体の溶解度（質量）は圧力に比例する。
- □ **5**　混合溶液の蒸気圧は成分液体の分圧の和になる。
- □ **6**　不揮発性溶質の溶液の沸点は上昇し，凝固点は降下する。
- □ **7**　半透膜は小さな分子を通すが大きな分子は通さない。
- □ **8**　酸は H^+ を出すものであり，塩基は H^+ を受け取るものである。
- □ **9**　酸性とは H^+ の多い状態であり，塩基性とは H^+ の少ない状態である。
- □ **10**　酸と塩基の反応を中和といい，塩が生じる。

●演習問題●

5.1　次の組み合わせのうち，溶けるものはどれか。

　　　水−チーズ，　水−アルコール，　酢−油，　酢−アルコール

5.2　ナトリウムイオン Na^+ が水和した状態を図示せよ。

5.3　1気圧の下で1000 Lの液体に10 g溶ける気体は，2気圧では何g溶けるか。

5.4　海水が0℃で凍らないのはなぜか。

5.5　500 gのベンゼンに，ある物質50 gを溶かしたところ，ベンゼンの凝固点が5.1℃下がった。この物質の分子量を求めよ（表5・2参照）。

5.6　野菜に塩を振るとシンナリするのはなぜか。

5.7　殻から出した剥き牡蛎を水道水で洗うと重量が増えるのに，海水濃度の塩水で洗った場合には重量が変わらないのはなぜか。

5.8　溶液の濃度を2倍にすると浸透圧はどのようになるか。

5.9　pH＝3の状態とpH＝5の状態では，H^+ の量はどのように違うか。

5.10　硫酸と水酸化ナトリウムの中和反応の反応式を書け。

化学反応の速度

●本章で学ぶこと

　化学反応には速く進行するものもあれば，ゆっくりと進行するものもある。反応の速さを反応速度という。反応は出発物質から一気に生成物に変化するのではなく，途中で高エネルギー状態を通る。この状態を遷移状態といい，そこに達するために必要なエネルギーを活性化エネルギーと呼ぶ。触媒は，遷移状態のエネルギーを下げ，活性化エネルギーを小さくして反応を進行しやすくする物質のことである。

　反応にはいくつかの反応が連続して起こるものがある。このような反応を多段階反応と呼ぶ。また，一度生成した生成物がまた出発物に戻る反応もあり，これを可逆反応という。

　本章ではこのようなことを見ていこう。

6・1　反応速度

　ダイナマイトの爆発反応は瞬時に完結する。それに対して，不要となったプラスチックの分解は遅々として進まない。このように化学反応の進行の具合は千差万別である。化学反応の速さを**反応速度**という。

6・1・1　反応速度式

$$A \longrightarrow B \quad \text{（反応式 6・1）}$$
$$v = -\frac{d[A]}{dt} = \frac{d[B]}{dt}$$
$$= -k[A] = k[B]$$
（速度式 6・1）
（[A]，[B] はそれぞれ物質 A，B の濃度を示す）

　反応式 6・1 で表される反応の反応速度 v は（反応）速度式 6・1 で表される。反応が進行すると出発物質 A は減少し，生成物 B は増加する。そのため，速度をどちらの濃度で定義するかによって ＋ － の符号が必要になる。定数 k を速度定数という。速度定数の大きい反応が速い反応である。

　速度式 6・1 は濃度の 1 乗の関数になっているので一次反応速度式という。速度が濃度の一次式で表される反応を**一次反応**という。

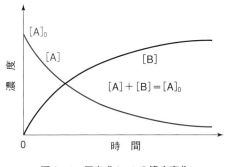

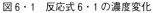

図6・1 反応式6・1の濃度変化

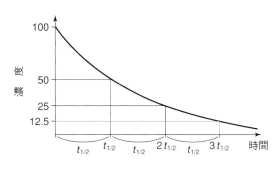

図6・2 半減期

6・1・2 半減期

図6・1は反応式6・1（A→B）の濃度変化である。反応が進行すると
Aは減少し，それに伴ってBが現れ，やがて増加する。そしてAとB
の濃度の和は，最初にあったAの濃度，初濃度（$[A]_0$）に等しい。

Aの濃度は減少し，ある時間$t_{1/2}$だけ経つと半分になる。この時間$t_{1/2}$
を**半減期**という（図6・2）。速い反応は半減期が短く，遅い反応は長い。
したがって半減期を測定すれば反応速度を知ることができる。

Aの濃度が1/2になった時点からさらに$t_{1/2}$だけ経つと，濃度は1/2
の1/2，すなわち1/4になる。

半減期$t_{1/2}$が常に同じ長さで
あることは一次反応の特徴で
ある。

◉ 発展学習 ◉
二次反応の反応速度式と半減
期を調べてみよう。

6・2 遷移状態と活性化エネルギー

反応には結合の切断と生成が必要となる。そのため，反応の途中で高
エネルギーの状態を通ることになる。

6・2・1 反応とエネルギー

炭（炭素）を燃やすと二酸化炭素が発生し，同時に発熱する。これは，
CとOの出発系よりCO_2の生成系の方が低エネルギーであり，そのエ
ネルギー差が熱となったことを意味する。

すなわち反応は高エネルギー状態から低エネルギー状態に変化する。
しかしこの反応を進行させるためには，マッチで火を着ける必要がある
（図6・3）。なぜだろうか。

6・2・2 遷移状態と活性化エネルギー

炭素と酸素が反応して二酸化炭素になるためには，途中で特別の状態
を通る必要がある。この状態は，出発物質の結合が切断されつつあり，
同時に生成物としての結合が生成されつつある状態である。そのため，

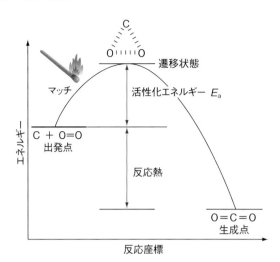

図6・3　反応とエネルギー

一度反応が進行すれば2回目の反応の活性化エネルギーには最初の反応の反応熱を当てることができる。

エネルギーの高い状態である。この状態を**遷移状態**（transision state）といい，その状態に達するために必要とされるエネルギーを**活性化エネルギー**（activation energy）という。

　活性化エネルギーの大きい反応は進行しにくい反応であり，小さい反応は進行しやすい反応である。

6・2・3　触媒と酵素の働き

少量で触媒の作用を失わせる物質がある。このような物質を触媒毒という。

　触媒とは，反応を速やかに進行させるが自身は変化しないものである。

　すなわち，普通の反応では出発物質 A は遷移状態 T を経由して進行し，その際の活性化エネルギーは E_a である。しかし触媒 C が存在する

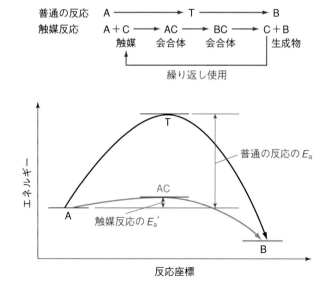

反応座標とは，反応の進行の程度を表す座標のことである。簡単には時間軸と思えばよい。

図6・4　触媒反応と活性化エネルギー

と反応が異なってくる。A はまず触媒と反応して会合体 AC を形成する。そして，この状態で A は B に変化して新しい会合体 BC となり，最終的に C と離れて B になる。C はまた新たな A と反応するという具合に繰り返し使用が可能である。

この反応において遷移状態の役目をするのは AC であり，そのエネルギーは T に比べて低い。そのため触媒反応の活性化エネルギー E_a' は小さくなり，反応が進行しやすくなるのである（**図6・4**）。

生体反応で活躍する酵素は触媒の一種である。

6・3　多段階反応と律速段階

生成物がさらに次の反応を行うことがある。このような反応を**多段階反応**（逐次反応）という。

6・3・1　多段階反応

出発物 A が生成物 B になる。ところがこの B が次の反応を起こして C になり，さらに D になり，というように次々と連続する反応がある。このような反応の全体を多段階反応，あるいは逐次反応といい，A → B，B → C などの個々の反応を素反応という。そして各素反応の生成物 B，C などを中間体という。

図6・5に二段階反応 A → B → C のエネルギー関係を示した。個々の素反応は独立した反応なので，それぞれ遷移状態 T_1，T_2 が存在する。注意すべきは，遷移状態はエネルギー曲線の極大に相当し，中間体は極小に相当するということである。このため，条件を設定すれば中間体は単離することが可能である。しかし，遷移状態を単離することは不可能である。

有機化学反応の多くは多段階反応である。

◉ **発展学習** ◉
生化学反応における解糖反応を調べてみよう。多段階反応の実例である。

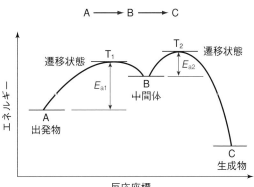

図6・5　二段階反応のエネルギー変化

最も足の遅い人

頂上

図6・6　律速段階とは

6・3・2　律 速 段 階

　多段階反応を構成する素反応は各々独立した反応である。したがって各段階の反応速度は異なり，速度定数 k も異なる。この場合，反応全体の速度を決定するのはどの反応なのだろうか。

　これを考えるためにはグループ登山の例がわかりやすい。登山グループには脚の速い人も遅い人もいる。脚の速い人を先頭に立てたら，脚の遅い人はついて行くことができず，遭難につながる。したがってグループ登山では最も脚の遅い人を先頭に立たせる。その結果，グループ全体の登山速度は最も脚の遅い人の速度となる（**図6・6**）。

　反応速度も同じである。最も遅い段階の速度が反応全体の速度となる。そのため，この段階を**律速段階**と呼ぶ。

6・3・3　濃 度 変 化

　図6・7は二段階反応における成分，A, B, C の濃度変化を表したものである。反応が開始されると出発物 A は減少を始め，代わって B が出現するが，B はやがて C に変化する。そのため，最終的には全てが C になる。

　中間体 B の濃度変化は二つの速度定数 k_1, k_2 の組み合わせによる。$k_1 < k_2$ なら，図 I に示したように B はできた途端に C に変化するので，B の濃度は常に低い。しかし $k_1 > k_2$ なら，図 II のように B は相当の濃度に達することが可能であり，濃度に極大が生じる。

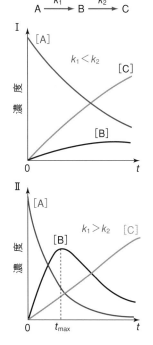

$$A \xrightarrow{k_1} B \xrightarrow{k_2} C$$

I

[A]

$k_1 < k_2$

[C]

濃度

[B]

0　　　　　　　　t

II

[A]

[B]

$k_1 > k_2$　[C]

濃度

0　t_{max}　　　　t

図6・7　二段階反応における濃度変化

6・4　平衡と可逆反応

反応には正逆両方向に進む可逆反応がある。可逆反応は一定時間経つと，構成物の濃度が変化しなくなる。この状態を平衡状態という。

6・4・1　可逆反応

出発物 A が生成物 B になり，同時に B が A に戻る反応を**可逆反応**という。右方向に進む反応を正反応，左方向に進むものを逆反応という。両反応は異なる反応なので反応速度も異なり，速度定数も異なる。

図6・8は可逆反応の構成物 A，B の濃度変化である。反応が始まると A は減少するが，やがて B が A に戻るので減少の度合いは緩くなる。そして一定時間経つと A の濃度は変化しなくなる。B についても同様である。

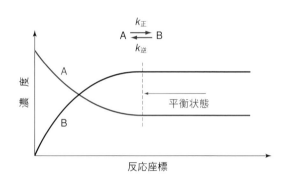

図6・8　平衡状態

6・4・2　平衡状態

可逆反応において構成物の濃度が変化しなくなった状態を**平衡状態**という。平衡状態では反応が起こっていないのではない。反応は進行しているが，正逆の反応速度が等しいので，見かけ上反応が起こっていないように見えるだけなのである。

平衡状態では正逆の反応速度が等しいので式6・1が成立する。式6・1を変形すると式6・2となる。式6・2は平衡状態の構成物の濃度比を表すものであり，K を平衡定数という。平衡定数は正逆両反応の速度定数の比になっている（式6・3）。平衡定数は温度が一定ならば常に一定である。

$$k_{正}[A] = k_{逆}[B] \quad （式6・1）$$
$$K = \frac{[B]}{[A]} \quad （式6・2）$$
$$K = \frac{k_{正}}{k_{逆}} \quad （式6・3）$$

6・4・3　ルシャトリエの原理

平衡にある状態の反応条件を変化させると，構成物の濃度が変化する。これを発見者の名前をとって**ルシャトリエの原理**という。

ルシャトリエの原理：
Le Chatelier's principle

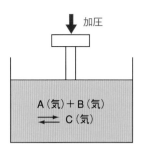

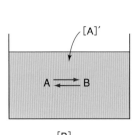

$$K = \frac{[B]}{[A]} : 一定$$

[A]′ を加えたら

$$\frac{[B]}{[A]+[A]′}$$

A ⟶ B　進行

図6・9　ルシャトリエの原理 (1)

A（気）＋B（気） ⇄ C（気）

体積減少
A（気）＋B（気） ⇄ C（気）
体積増加

$$K = \frac{[C]}{[A][B]} : 一定　　（式6・4）$$

加圧したら

体積減少
A（気）＋B（気） ⟶ C（気）
進行

図6・10　ルシャトリエの原理 (2)

反応 A→B が発熱反応の場合，B をたくさん得たい場合には反応系を冷やした方がよいことになる。しかし冷やしたら反応速度が落ちて，B はなかなか生成しなくなる。このような場合には，B の収率を犠牲にして反応系を加熱して反応速度を上げ，B の単位時間当たりの収量を増やすことがある。

① A ⇄ B：　A，B の間で平衡にある系に A を加えてみよう（図6・9）。K を一定にするためには A を減らし，B を増やさなければならない。すなわち反応は右へ進行することになる。

② A＋B ⇄ C：　3種の気体 A, B, C の間の平衡定数は式6・4（図6・10）で表される。気体の場合には濃度 [A] の代わりに分圧 P_A を用いる。反応容器の圧力を高くしたらどうなるだろうか（図6・10）。各々の分圧が高くなるからこのままでは K が小さくなる。K を一定にするためには反応を右方向へ進行させて全体の分子数を減らす必要がある。この結果，系の圧力は低下する。

このように，平衡状態にある系の条件を変化させると，系はその変化を相殺する方向に平衡を移動させるのである。

●この章で学んだこと

□ **1**　反応速度は反応速度式で表される。

□ **2**　出発物の濃度が半分になる時間を半減期という。

□ **3**　速度が濃度の一次式で表される反応を一次反応，二次式で表される反応を二次反応という。

□ **4**　反応の途中で通る高エネルギー状態を遷移状態という。

□ **5**　遷移状態に達するのに必要なエネルギーを活性化エネルギーという。

□ **6**　多段階反応の途中に生成する生成物を中間体という。

□ **7**　多段階反応の中で最も速度の遅い段階を律速段階という。

□ **8**　可逆反応で濃度変化が現れなくなった状態を平衡状態という。

□ **9**　平衡状態でも反応は進行しているが，見かけ上反応していないように見える。

□ **10**　平衡状態の反応条件を変えると，それを相殺するように平衡系が変化する。

──●●● 演 習 問 題 ●●●──

6.1　半減期 1 時間の反応の濃度が，ある時間経ったところ 1/8 になっていた。反応は何時間経過したか。

6.2　反応 A ＋ B → C の反応速度式が $v = k$ [A][B] で表されたとする。この反応は何次反応か。

6.3　炭を燃やすときには活性化エネルギーを補給するためにマッチで火を着ける。しかし，一度火が着けば，その後はマッチは要らない。なぜか。

6.4　遷移状態を取り出すことはできない。なぜか。

6.5　触媒を加えると活性化エネルギーが低下するのはなぜか。

6.6　触媒は少量で役に立つ。なぜか。

6.7　中間体と遷移状態の違いは何か。

6.8　可逆反応において $k_\text{正}$ と $k_\text{逆}$ の比は 2：1 だった。反応の濃度変化を表すグラフを描け。

6.9　可逆反応 A ⇄ B において，B を除いたら反応はどのように変化するか。

6.10　可逆反応 A ⇄ B において，全ての A を B に変えるためにはどうすればよいか。

コラム

爆 発 反 応

　反応には遅い反応も速い反応もある。最も速い反応も，最も遅い反応も，共に原子核反応の一種である原子核崩壊反応であろう。この反応の最も速いものは人工元素が壊れる反応であり，例えばダームスタチウム 267（^{267}Ds）の半減期は 0.0000031 秒である。また，遅いものではビスマス 209（^{209}Bi）の半減期は 1900 京年ほどで，宇宙の年齢 138 億年よりはるかに長い（1 京は 1 億の 10^8 倍）。

　身近な反応で速い反応は爆発反応である。爆発は速い燃焼反応であり，爆薬の燃料部分が瞬時の間に燃えて，短時間で大きな反応熱を放出する。しかし，燃料が燃えるためには酸素が必要であるが，空気中の酸素に頼っていたのでは短時間に大量の酸素は供給できない。そこで爆薬の燃料部分以外は酸素供給部分となっている。

　昔の黒色火薬は燃料部分が木炭粉と硫黄であり，酸素供給部分が硝石，硝酸カリウム KNO$_3$ であった。硝酸根 NO$_3^-$ が分解して酸素を発生したのである。現代の火薬はトリニトロトルエンやトリニトログリセリン（ダイナマイト）であり，ニトロ基 -NO$_2$ が酸素を供給する。

　化学肥料である硝酸アンモニウム NH$_4$NO$_3$ もニトロ基を持っており，大きな爆発力を有する。これを用いたアンホ爆薬は，現在ではダイナマイトより大量に使われているという。

トリニトロトルエン

ニトログリセリン

第7章

化学反応とエネルギー

●本章で学ぶこと・・・・・・・・・・・・・・・・・・・・・・・・・・・・・・・・・・・・

　熱，エネルギー，仕事は同じものである。分子はさまざまなエネルギーを持っている。化学反応に伴って出入りする反応熱は，これら分子のエネルギーが変形したものである。

　化学反応を風船の中で行うと，気体の発生する反応では風船が膨らむ。これは風船が外部に対して仕事を行ったことになる。このように，化学反応では熱以外の形でエネルギーが出入りすることもある。

　水中に落としたインクの一滴がやがて水中一面に広がるように，化学反応は整理された状態から乱雑な状態へ向かう傾向がある。乱雑さを表す尺度としてエントロピーを定義する。つまり，化学反応を考えるにはエネルギーとエントロピーの両方を考慮する必要がある。

　本章ではこのようなことを見ていこう。

7・1　熱力学第一法則

　分子はさまざまのエネルギーを持っている。分子はこのエネルギーを使って反応し，足りない分は外部から吸収し，余分は外部に放出している。私たちはこのエネルギーを使って生命を養い，料理をし，機械を動かしている。

7・1・1　熱力学第一法則

　ガスレンジに火を着けるとガスの分子と酸素が反応し，反応エネルギー E が熱 Q になって現れ，それが水を温め，鍋の蓋を持ち上げるという仕事 W をする。このように，エネルギー E，熱 Q，仕事 W は同じものが姿を変えて現れたものである（図7・1）。

　外界と熱やエネルギーなど一切の出入りのない系を孤立系というが，

仕事 W

$CH_4 + O_2$
熱 Q　エネルギー E

図7・1　エネルギー，熱，仕事の関係

孤立系のエネルギーは変化しない。

これを**熱力学第一法則** という（**図7・2**）。

■ 7・1・2　内部エネルギー *U*

　分子はいろいろのエネルギーを持っている。移動に伴う運動エネル
ギーのほかに，結合回転，結合振動のエネルギーを持っている。さらに
結合エネルギーを持ち，原子核と電子の間の静電引力もエネルギーであ
る。

　分子の持っているエネルギーのうち，重心の移動に基づくエネルギー
以外の全てのエネルギーをまとめて内部エネルギー *U* という。内部エ
ネルギーの種類は非常に多く，測定することは不可能である。しかし，
化学の研究に内部エネルギーの絶対量の知識は不必要である。化学に必
要なのは，反応に伴う "内部エネルギーの変化分" だけなのである。

■ 7・1・3　エネルギー・熱・仕事の方向

　エネルギー，熱，仕事の変化量には方向がある。すなわち，系に入る
か系から出ていくかである。化学ではこの違いを ＋ － の符号で表す。
系に入るものを ＋，出るものを － とする（**図7・3**）。

7・2　断熱変化と等温変化

　化学変化の起こる条件にはいろいろあり，条件によって熱や仕事が相
互に変化する。

■ 7・2・1　体積変化と仕事

　内部エネルギー *U*，仕事量 *W*，熱量 *Q* は相互に変化する。化学では
体積変化に伴う仕事量が大切になる。

　面積 *S* の底面を持つピストンに圧力 *P* が加わった結果，蓋が *l* だけ動
いて体積が ΔV だけ変化したとしてみよう。仕事は次頁の式7・1に示
したように，質点に加わった力 *F* とその結果の移動距離 *l* の積である。
圧力は単位面積当たりの力であり（式7・2），体積変化は面積と移動距離
の積である（式7 3）。したがって，圧力と体積変化分の積は仕事となる
（式7・4）。

$$W- -P\Delta V$$

図7・2　孤立系ではエネル
　ギーは変化しない

熱力学第一法則は，かつては
「質量保存の法則」といわれ
「孤立系の質量（物質の量）*m*
は変化しない」と解釈された。
しかし相対性理論によって質
量 *m* とエネルギー *E* は同じ
ものであることが明らかに
なったので，現在のような表
現になり，「エネルギー保存
の法則」と呼ばれるように
なった。

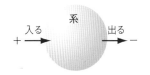

図7・3　エネルギー，熱，
　仕事の方向

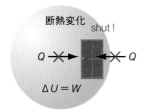

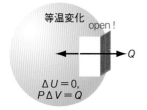

図7・4　断熱変化と等温変化

第1章で見たように，水素が集合して熱くなり恒星になったのは断熱圧縮である。

スプレーから出る気体が冷たいのは断熱膨張したからである。

生体内の反応は体温で進行するから等温変化である。

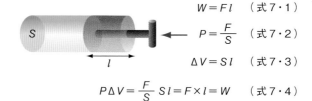

$$W = Fl \quad （式7 \cdot 1）$$

$$P = \frac{F}{S} \quad （式7 \cdot 2）$$

$$\Delta V = Sl \quad （式7 \cdot 3）$$

$$P\Delta V = \frac{F}{S}\,Sl = F \times l = W \quad （式7 \cdot 4）$$

■ 7・2・2　断熱変化

断熱変化とは，外部と熱の出入りのない系での変化である。

$$Q = 0$$

この系では反応の前後を通じて内部エネルギー U は一定のままである。したがって仕事をすれば内部エネルギーの変化となる（**図7・4上**）。

$$\Delta U = -P\Delta V = W$$

（物理化学では系に入る量を ＋，系から出る量を － にとる。）

系が外部に対して仕事をすれば内部エネルギーは減少するので，系の温度は低下する（断熱膨張）。反対に外部から仕事をされれば内部エネルギーは増加し，温度が上昇する（断熱圧縮）。

■ 7・2・3　等温変化

等温変化では系の温度は常に一定である。外界からの熱の出入りがない場合（断熱変化の場合），系が仕事をしたら内部エネルギーは変化し系の温度は変化する。等温でいるためには外界からの熱の出入りが必要である。すなわち，断熱変化の場合の内部エネルギーの変化分に等しい熱が系に補充されなければならない（**図7・4下**）。その熱量は下式で与えられる。

$$\Delta U = 0, \quad P\Delta V = Q$$

■ 7・3　エネルギーとエンタルピー

体積変化の伴う反応では，エネルギーの一部が体積に変化する。

■ 7・3・1　定積変化

変化の前後を通じて系の体積（容積）が変化しない（一定）ものを**定積変化**という。具体的には鋼鉄のボンベのように体積一定の空間での反応である。外部からこの系に加えられた熱はそっくりそのまま内部エネルギーになる（**図7・5**）。

$$\Delta U = Q$$

図7・5　定積変化

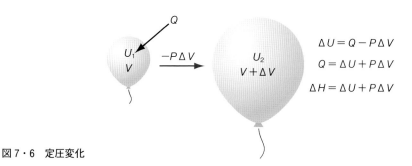

$$\Delta U = Q - P\Delta V$$
$$Q = \Delta U + P\Delta V$$
$$\Delta H = \Delta U + P\Delta V$$

図7・6　定圧変化

7・3・2　定 圧 変 化

　系の圧力（気圧）が一定の変化である。ほとんど全ての化学反応は1気圧の下で行われる。すなわち定圧反応である。

　定圧反応は，具体的には風船の中での反応を想像すればよい。圧力を一定にするためには体積を変えなければならない。

　すなわちこの系では，内部エネルギーの変化分 ΔU は，系に加えられた熱 Q から膨張による仕事 $-W = P\Delta V$ を差し引いたものである（図7・6）。

$$\Delta U = Q - (-W) = Q - P\Delta V$$

　ここで，Q を ΔH と置き換えると次の式となる。

$$\Delta H = \Delta U + P\Delta V$$

　この H を**エンタルピー**と呼ぶ。エンタルピーは反応に伴う内部エネルギー変化に体積変化の分を加えたものであり，実際の "エネルギー変化分" として観測されるものである。すなわち，定圧変化で実際に "エネルギー変化" として観測されるのがエンタルピー H なのである。

エンタルピーの語源はギリシャ語のエンタルポー（温まる）に由来する。

7・4　反応とエネルギー

　反応に伴うエネルギー変化を反応熱という。しかし，現実の反応は1気圧の下で行われる定圧反応である。したがって観測されるエネルギー変化はエンタルピー変化 ΔH である。

7・4・1　反 応 熱

　分子 A が反応して B に変化したとしよう。**図7・7**は A と B のエネルギー関係を表したものである。反応が進行すると AB 間のエネルギー差 ΔH が外部に放出される。このような反応を発熱反応と呼び，ΔH を**反応熱**という。

　反対に B を A に変えるためには外部から ΔH を供給する必要がある。この ΔH も反応熱であり，この反応は吸熱反応と呼ばれる。

◉**発展学習**◉
発熱反応と吸熱反応の例を探してみよう。

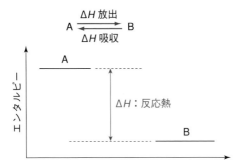

図7・7 反応熱とエンタルピー

7・4・2 ヘスの法則

反応熱は反応の径路に関係なく，系の最初と最後の状態で決まる。

ヘスの法則：Hess's law

これを，発見者の名前をとって**ヘスの法則**という。すなわち，出発系（系の最初）A と生成系（系の最後）B が決まれば，反応熱は ΔH であり，それは A が B になる反応径路（I から V）に関係しないというものである（**図7・8**）。

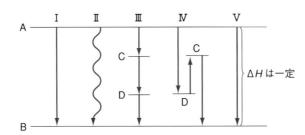

図7・8 ヘスの法則

7・4・3 反応熱の計算

ヘスの法則を使えば，実測不可能の反応熱も計算することができる。

グラファイト（黒鉛）とダイヤモンドは共に炭素の同素体である。グラファイトをダイヤモンドに変えるためにはどれだけのエネルギー（エンタルピー）を加えればよいのか。

ダイヤモンドもグラファイトも燃焼すれば二酸化炭素 CO_2 となる。

図7・9 反応熱の計算
　　　数字は 1 mol 当たりの値。

すなわち，ダイヤモンドとグラファイトは共通の基盤として二酸化炭素を持つのである。あとは**図7・9**に従って計算すればよい。

7・5　乱雑さとエントロピー

　変化は整然とした状態から乱雑な方向に進行する。乱雑さを表す尺度をエントロピーという。

7・5・1　整然と乱雑

　テーブルに置いたコーヒーの香りは，やがて部屋全体に広がる。これはコーヒーの香り分子が部屋全体に広がったからである（**図7・10**）。

　香り分子はコーヒーカップの中に収まっていることなく，部屋全体に散らばり，空気分子と交じったのである。このように，変化は2種の分子が分割された整然状態から，両者が交じった乱雑な状態に進行する。

図7・10　コーヒーの香りが部屋に広がる

7・5・2　熱力学第二法則・第三法則

　乱雑さを表す尺度を定義し，**エントロピー S** と呼ぶ。S が大きければ乱雑な状態と考える。すると，上で見たことは次のように表現できる。

　　　　変化はエントロピーが増大する方向に起こる。

これを**熱力学第二法則**という（**図7・11**）。

　エントロピーが小さい状態とはどのような状態だろうか。

① 混合物でなく，単一種類の分子からなる純粋状態であること。

② 全ての分子が規則的な位置を占め，一切の動きを止めること。

である。

　このような状態は現実に存在しうる。それは

① 結晶であり，

② 絶対0度（$0\,\mathrm{K} = -273\,℃$）で運動のない状態である。すなわち

　　　絶対0度の単一分子の結晶はエントロピーが0である。

分子運動を考えればエントロピーの大きさは
　　固体 < 液体 < 気体
となっていることがわかる。

エントロピーの語源はギリシャ語のトロペー（変換）に由来する。変化を続ける宇宙のエントロピーは常に増加を続ける一方なので，エントロピーを「宇宙時計」という人もいる。

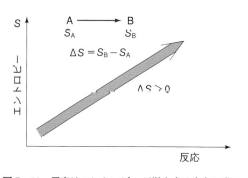

図7・11　反応はエントロピーが増大する方向に進む

これを**熱力学第三法則**という。

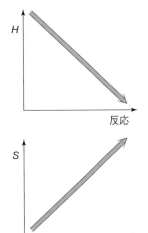

$$S = \frac{Q}{T}$$

Q

氷

$$\frac{Q}{273} > \frac{Q}{309}$$

$$\Delta S > 0$$

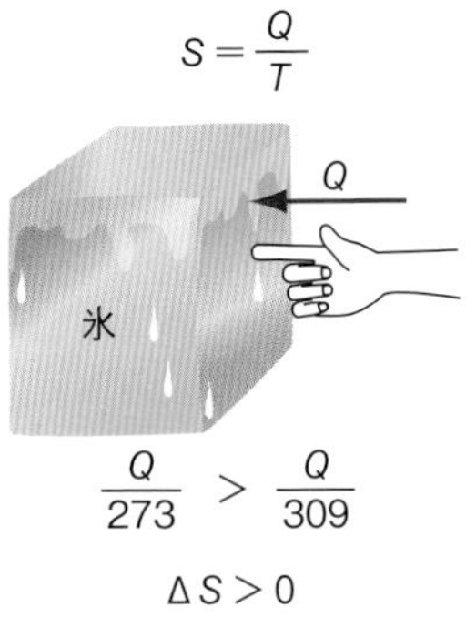

**図7・12　氷の溶解と熱の
移動**

7・5・3　エントロピーとエネルギー

　7・5・1項の現象は次のように解析することができる。

① コーヒーの香りは部屋に広がり，エントロピーが増大した。

② これは香りの分子が気圧に逆らって体積膨張したものである。

③ 部屋の温度は一定だから等温変化である。

④ 等温変化であるからには熱 Q の移動が起こっているはずである。

　このように考えると，エントロピーは変化に伴って移動する熱の一種と考えることができる。結局，エントロピーは $S = Q/T$ と定義される。

　氷に手を触れると冷たく感じ，氷は融けていく。これは手から氷に熱が移動したからである。移動した熱を Q とすると，手（絶対温度 309 K）と氷（273 K）におけるエントロピーは図7・12に示した通りである。すなわち，熱の移動もエントロピーが増大する方向に起こっているのである。

7・6　反応の方向とギブズエネルギー

　定圧条件下の化学反応の方向はギブズエネルギー（ギブズ自由エネルギー）によって決められる。

7・6・1　エネルギーとエントロピー

　反応は出発物質 A から生成物 B へ変化する。この変化の方向はどのようにして決まるのだろうか。なぜ，B から A に変化しないのだろうか。

　反応はエネルギーの高い状態から低い状態へ変化する。定圧反応ならエンタルピー H の減少する方向（$\Delta H < 0$）へ変化する。一方，反応はエントロピー S の増加する方向（$\Delta S > 0$）に変化する。これは，反応の方向が，ΔH と ΔS の二つの要素で決定されることを意味する（図7・13）。

**図7・13　エンタルピーと
エントロピー**

（図中）H　反応
（図中）S　反応

エンタルピーを用いていることからわかるように，ギブズエネルギーは定圧反応に適用されるものである。定積反応に対しては，エンタルピーの代わりに内部エネルギーを用いたヘルムホルツの自由エネルギーを用いる。

7・6・2　反応の方向とギブズエネルギー G

　H と S は反応という馬車を引く2頭の馬にたとえることができる（図7・14）。H と S が同じ方向を示す反応は問題がない。しかし，H と S が逆方向を示す反応はどちらに進行したらよいのだろうか。

　この問題を解決するのが**ギブズエネルギー**（ギブズ自由エネルギー）G である。7・5・3項で S は熱 Q を用いて表された。この式を使えば H

図7・14 エントロピー，エンタルピーは
2頭の馬車馬

エントロピー エンタルピー
S   H

とSを同じエネルギーの次元で扱うことができ，両者を式で結びつける
ことができる。このようにしてできたのが式7・1のギブズエネルギー
Gである。

$$G = H - TS \quad (式7・1)$$

　ギブズエネルギーを用いると定圧反応の進行方向は次のようになる。
　反応はギブズエネルギーの減少する方向に進行する。（図7・15）

7・6・3 平衡とギブズエネルギー

　平衡反応とギブズエネルギーの変化の様子を図7・16に示した。正反
応でAからBに変化するにつれGは減少する。しかしある時点で上昇
に転じる。逆反応でも同じである。BからAに変化するとGは減少す
るが，ある時点で上昇する。すなわち，Gに極小点が現れる。ここが平
衡状態である。

図7・15　反応はギブズエ
ネルギーの減少する方向
に進行する

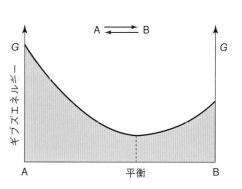

図7・16　平衡とギブズエネルギー

▐ 7・6・4 　ギブズエネルギーと仕事

反応は H と S によって支配される。H で有利な反応でも S で不利な場合にはギブズエネルギーが少なくなる。

すなわち，ギブズエネルギーは反応によって生成される H から S に逆らう分のエネルギーを差し引いたものなのである。あるいは，S で有利な反応の場合には H にさらに S の分のエネルギーを加えたものである。

すなわち，定圧反応によって生成されるエネルギーのうち，実際に PV 仕事以外の正味の仕事として使うことのできるエネルギーがギブズエネルギーなのである。

●この章で学んだこと●

- □ **1** 熱力学第一法則（孤立系のエネルギーは変化しない。）
- □ **2** 熱力学第二法則（変化はエントロピーが増大する方向に起こる。）
- □ **3** 熱力学第三法則（絶対 0 度の単一分子の結晶はエントロピーが 0 である。）
- □ **4** 変化には断熱変化，等温変化，定積変化，定圧変化がある。
- □ **5** 定圧変化のエネルギーはエンタルピー H で測る。
- □ **6** 反応熱は反応径路に関係なく，系の最初と最後の状態で決まる。これをヘスの法則という。
- □ **7** エントロピー S は乱雑さの尺度である。
- □ **8** 反応の方向はギブズエネルギー G で測る。
- □ **9** 平衡状態ではギブズエネルギーが極小値をとる。
- □ **10** ギブズエネルギーは正味の仕事に使うことのできるエネルギーである。

● 演 習 問 題 ●

7.1 内部エネルギーの種類を三つあげよ。

7.2 炭の燃焼によって生じる反応エネルギーには具体的にどのようなものがあるか。

7.3 フラスコで反応を行う場合，フラスコの内部は孤立系か。

7.4 地球が等温的な条件でいられるのはなぜか。

7.5 ダイヤモンドとグラファイトでは，どちらが低エネルギー物質か。

7.6 ダイヤモンドとグラファイトのうち，燃やしたときにより大量の熱を発生するのはどちらか。

7.7 次の変化のうち，エントロピーによるものはどれか。

　a）炭が燃えて二酸化炭素になる。

　b）コップに落としたインクが水中に散らばる。

　c）氷が融けて水になる。

7.8 熱い鉄と冷たい鉄が接すると，熱はどちらに移動するか。両方の鉄が同じ温度になると熱の移動は止まる。これはなぜか。

7.9 生成物が固体の反応と液体の反応では，エントロピーから考えたらどちらが進行しやすいか。

7.10 定圧反応で発生するエネルギーのうち，正味の仕事に使うことのできる量は何という名前の量か。

コラム

人工ダイヤモンド

　硬くて透明で鋭く輝くダイヤモンドは，昔から人の魂を掴んで離さなかった。宝石の重さはカラット（200 mg）単位で測られるが，これまでに発見された最大のダイヤモンドは3106カラット（約620 g）のカリナン原石であり，その大きさは例外的であった。たとえ小さなものでもダイヤモンドは希少で貴重だったので，ダイヤモンドを人工的に作ろうとの試みは昔から続けられてきた。

　ヘスの法則の結果（図7・9参照）によれば，炭素（グラファイト）をダイヤモンドに変えるためにはエネルギーを加えなければならない。最初にその合成に成功したのはアメリカのゼネラルエレクトリック（GE）のチームで，炭素に触媒存在下，10万気圧と2000℃の高温をかけるという高温高圧（HPHT）法だった。

　当初生成したダイヤモンドは茶褐色，不透明で宝石とはいえないものだったが，現在では技術が

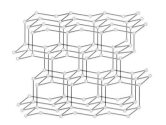

ダイヤモンドの結晶構造

向上し，数カラットの大きさで宝石クラスの美しさを持ったものも作れるようになっている。故人やペットの遺灰に残った炭素を集めてダイヤモンドにするというビジネスも行われている。

　最近注目されているのは化学気相蒸着（CVD）法で，これは炭素を原子核と電子にバラバラにしたプラズマ状態とし，原子核を基板上に積み上げていく方法であり，薄膜状のダイヤモンドが得られる。電子素子の基板上に積み上げれば，それは放熱性に優れた新しい半導体であり，半導体の性能向上につながる技術である。

酸化反応・還元反応

●本章で学ぶこと

　化学反応には多くの種類があるが，その中でも重要なのが酸化還元反応である。生体は食物を体内で穏やかに酸化し，そのときに発生するエネルギーで生命活動を行っている。人間の場合，酸素を運ぶのはヘモグロビンにある鉄である。鉄は細胞内物質に酸素を渡し，酸化している。その際，鉄は酸素を細胞内物質に奪われて還元されていることになる。このように，酸化と還元は一つの現象の裏表の関係にある。

　金属は酸に溶けて陽イオンになるが，これは酸化還元反応の一形態である。陽イオンになった金属が放出した電子が電流となり，電池となる。電池は化学エネルギーを電気エネルギーに換える装置である。

　本章ではこのようなことを見ていこう。

 8・1　酸化数の計算法

　酸化還元反応を考えるには，**酸化数**を用いると便利である。酸化数はイオンのイオン価のような考え方であるが，違いもある。酸化還元反応を考えるための基礎を作る意味で，酸化数を考えてみよう。

単体とは同じ種類の原子だけでできた分子のことである。グラファイトとダイヤモンドのように，同じ種類の元素でできた単体を互いに同素体という（3・2・2項）。

酸化数の計算法

① 単体を構成する原子の酸化数は 0 とする。

　　例　分子 H_2, O_2, O_3 などの原子 H, O の酸化数は 0 である。

② イオンになっている原子の酸化数はイオンの価数とする。

　　例　H^+, O^{2-}, Al^{3+} などの酸化数はそれぞれ ＋1，－2，＋3 である。

③ 共有結合を構成する 2 個の原子の酸化数は次のように定める。

　　2 個の共有結合電子を，電気陰性度の大きい方の原子に割り振り，そ

の上で②に従って決定する。

  例 HClではClの方が電気陰性度が大きい。そのため，2個の電子を
    Clに割り振る。その結果Hは中性状態より電子が1個少なくな
    るのでH＝＋1となる。一方Clは電子が1個余計になるので
    Cl＝−1となる。

④ 分子を構成するH，Oの酸化数はそれぞれ＋1，−2と定める。

⑤ 中性分子を構成する原子の酸化数の総和は0とする。

  この関係を使うと，酸化数未知の原子の酸化数を計算することができ
る。

    例a H_2SO_4のSの酸化数を求めよう。Sの酸化数をXとすると，
      ④によってH，Oの酸化数はそれぞれ＋1，−2なので
      $(+1 \times 2) + X + (-2 \times 4) = 0$ となり，$X = +6$ となる。

    例b H_2SのSの酸化数をXとすると
      $(+1 \times 2) + X = 0$ となり，$X = -2$ となる。

このように同じ原子が複数個の酸化数をとることがある。特にS，C
の酸化数は注意が必要である。

> ④には例外がある。NaHやCaH_2のHの酸化数は−1とする。また，H_2O_2のOの酸化数も−1とする。

> 原子の中には複数の酸化数をとるものがある。Sは例に示した ＋6，−2のほか，SO_2（＋4），SO（＋2）などがある。炭素にも CO_2（＋4），CO（＋2），CH_4（−4）などがある。

元素記号上の数字は酸化数を表すものとする。

① $\overset{0}{H}-\overset{0}{H}$ $\overset{0}{O}=\overset{0}{O}$ $\overset{0}{N}\equiv\overset{0}{N}$

② $\overset{+1}{H^+}$, $\overset{+2}{Ca^{2+}}$, $\overset{+3}{Fe^{3+}}$, $\overset{-1}{Cl^-}$, $\overset{-2}{O^{2-}}$

③ $H{\cdot}{\cdot}Cl \rightarrow H^+ + \overset{..}{\underset{..}{Cl}}^{-} \rightarrow \overset{+1}{H}\ \overset{-1}{Cl}$ （・は電子を表す）

   $C{:}{:}O \rightarrow C + \overset{..}{\underset{..}{O}} \rightarrow \overset{+2}{C}\ \overset{-2}{O}$

④ $\overset{-1}{A}-\overset{+1}{H}$ $\overset{+2}{B}=\overset{-2}{O}$

⑤
$$\overset{+1}{H}-\overset{}{O}-\overset{-2}{\underset{\underset{O^{-2}\nearrow X}{\|}}{\overset{\overset{O^{-2}}{\|}}{S}}}-\overset{}{O}-\overset{+1}{H}$$

$(+1 \times 2) + X + (-2 \times 4) = 0$ $\therefore X = +6$
Hの分   Oの分

$\overset{+1}{H}-\overset{X}{S}-\overset{+1}{H}$

$(+1 \times 2) + X = 0$ $\therefore X = -2$

8・2 酸 化 還 元 反 応

酸化還元反応にはどのようなものがあるのだろう。

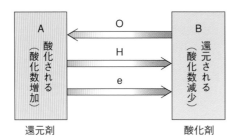

図 8・1　酸化還元反応

■ 8・2・1　酸化還元反応

酸化と還元は同時に対になって起こる反応であり，片方が酸化されればもう片方は必ず還元される。

　図 8・1 は酸化還元反応をまとめたものである。物質 A が酸化される反応にはいろいろあるが，酸化数を使うと簡単に表現することができる。

酸化されるとは酸化数が増えることであり，
還元されるとは酸化数が減少することである。

■ 8・2・2　酸化還元反応の実際

　酸化数を用いて，酸化還元反応を見てみよう。

A　水素 H と酸素 O の反応：H と O は反応して H_2O となる。それに伴って H の酸化数は 0 から +1 に変化するので H は酸化されている。一方，O の酸化数は 0 から −2 に変化するので O は還元されている。

$$2\overset{0}{H_2} + \overset{0}{O_2} \longrightarrow 2\overset{+1\ -2}{H_2O}$$

H：0 → +1　酸化された（還元剤）

O：0 → −2　還元された（酸化剤）

テルミットの反応は高熱（2300 ℃）を発するのでレールや車両などの溶接に利用される。

B　テルミットの反応：酸化鉄 Fe_2O_3 とアルミニウム Al の混合物をテルミットという。テルミットに点火すると高熱を発して鉄 Fe と酸化アルミニウム Al_2O_3 となる。この反応で鉄の酸化数は +3 から 0 に減少するので還元されており，一方 Al の酸化数は 0 から +3 に増加しているので酸化されている。

$$\overset{+3}{Fe_2O_3} + 2\overset{0}{Al} \longrightarrow 2\overset{0}{Fe} + \overset{+3}{Al_2O_3}$$

Fe：+3 → 0　還元された（酸化剤）

Al：0 ⟶ +3　酸化された（還元剤）

C　金属イオン：Na は電子を放出して Na^+ となる。それに伴って Na の酸化数は 0 から +1 に変化するので Na は酸化されている。

　銀イオン Ag^+ は電子を受け取って金属銀 Ag になる。このとき Ag^+ は還元されていることになる。

$$\overset{0}{Na} \longrightarrow \overset{+1}{Na^+} + e^-$$

Na：0 ⟶ +1　酸化された（還元剤）

$$\overset{+1}{Ag}{}^{+} + e^{-} \longrightarrow \overset{0}{Ag}$$

$$Ag：+1 \longrightarrow 0 \quad 還元された（酸化剤）$$

8・2・3　酸化・還元と電子

例Cでは電子 e^{-} の授受だけで酸化・還元が起きている。酸化還元反応の本質はこのような電子の授受であるということができる。つまり，「酸化される」ということは「電子を失う」ことであり，「還元される」ということは「電子を受け入れる」ことなのである。

原子Aが酸素と反応してAOとなると「Aは酸化された」というが，これは酸素の電気陰性度が高いのでAが酸素に電子を奪われたからである。またAOが酸素を失ってAになると「Aは還元された」というが，これはそれまでAから電子を奪っていた酸素がいなくなったので電子がAに戻ってきたからである。

8・2・4　酸化剤・還元剤

反応して相手の酸化数を増加させるものを**酸化剤**という。反対に相手の酸化数を減少させるものを**還元剤**という。

HとOとの反応では，OはHの酸化数を増加させているからOは酸化剤である。反対にHはOの酸化数を0から -2 に減少させているから還元剤となる。

HとOの反応というただ一つの反応で，Hは酸化され，Oは還元され，Hは還元剤として働き，Oは酸化剤として働いていることになる。

◉ **発展学習** ◉
上水道は塩素 Cl_2 の酸化作用によって殺菌されている。塩素の酸化作用とはどのようなことか，調べてみよう。

8・3　金属のイオン化

金属Mは酸に溶ける。金属が溶けるということは**イオン化**して金属イオン M^{n+} と電子 ne^{-} に分かれるということである。

8・3・1　イオン化

硫酸銅 $CuSO_4$ の水溶液に亜鉛 Zn の板を浸すと，亜鉛は熱を発して溶ける。時間が経つと亜鉛板の表面が赤くなってくる。

亜鉛が溶け出したということは亜鉛 Zn が亜鉛イオン Zn^{2+} と電子 e^{-} に電離したことを意味する。亜鉛板上の赤い色は金属銅 Cu の色である。したがってこの変化は Cu^{2+} が Cu に変化したことを意味する。

すなわちこの一連の変化は，Zn が Zn^{2+} になり，Cu^{2+} が Cu になったことを意味する（**図8・2**）。

硫酸銅の銅イオン Cu^{2+} は青色である。したがって反応の最初は溶液の色は青色であるが，反応が進むにつれて青色はうすくなる。

Zn

e⁻　Cu
Zn²⁺
Cu²⁺

硫酸銅
水溶液

$$\overset{0}{Zn} \longrightarrow \overset{+2}{Zn^{2+}} + 2e^-$$
酸化された

$$\overset{+2}{Cu^{2+}} + 2e^- \longrightarrow \overset{0}{Cu}$$
還元された

**図 8・2　亜鉛と銅の
イオン化**

■ 8・3・2　イオン化と酸化・還元

上の反応で，Zn は Zn^{2+} に変化している。これは酸化数が 0 から ＋2 に増加したことに対応し，Zn が酸化されたことを意味する。一方 Cu^{2+} は Cu に変化し，酸化数は ＋2 から 0 に減少している。これは Cu^{2+} が還元されたことを意味する。

このように，金属（亜鉛）の溶解イオン化と金属イオン（銅イオン）の析出は，酸化還元反応なのである。

■ 8・3・3　イオン化傾向

上で見た現象は，Zn と Cu を比較すると Zn の方がイオンになりやすいことを示すものである。一方，硫酸銅水溶液にスズ Sn や金 Au の板を入れても変化は起こらない。これは Sn や Au は Zn よりイオン化しにくいことを意味する。

このような実験を繰り返すと，金属のイオン化しやすさの順序を決めることができる。このように金属が水溶液中で溶けて陽イオンになろうとする性質を**イオン化傾向**という。また，金属をイオン化傾向の順に並べた**イオン化列**には語り伝えられた"覚えるための呪文"がある。参考のために示しておく（**図 8・3**）。

イオン化しやすい　　　　　　　　　　　イオン化しにくい

K　Ca　Na　Mg　Al　Zn　Fe　Ni　Sn　Pb　H　Cu　Hg　Ag　Pt　Au
カソゥ　カ　ナ　マ　ア　ア　テ　ニ　スル　ナ　ヒ　ド　ス　ギル　シャッキン

(貸そうかな。まあ あてにするな。ひどすぎる借金)

図 8・3　イオン化列

■ 8・4　化学電池の原理

酸化還元反応に伴う電子移動を利用して電気エネルギーを取り出す装置を化学電池という。

■ 8・4・1　ボルタ電池

● 発展学習 ●
乾電池における酸化還元反応を調べてみよう。

ボルタ電池は世界で初めてできた電池であり，1800 年にイタリアの科学者ボルタによって発明された。

硫酸水溶液（希硫酸）に亜鉛板と銅板を浸すと，亜鉛が亜鉛イオン Zn^{2+} となって溶け出す。放出された電子 e^- は亜鉛板上に残るので，亜鉛板上には電子がたまっていく。このとき亜鉛板と銅板を導線でつなぐと電子が銅板に移動する。移動した電子は水素イオン H^+ が受け取って水素ガス H_2 になる。

電流は電子の移動である。この一連の反応で亜鉛板から銅板に電子が

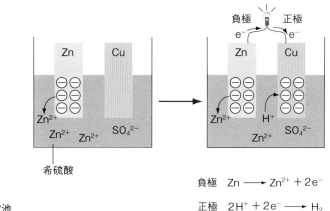

図8・4　ボルタ電池

負極　$Zn \longrightarrow Zn^{2+} + 2e^-$

正極　$2H^+ + 2e^- \longrightarrow H_2$

流れている。電流の方向は電子の移動の方向と逆にするように定義されている。したがって，これは銅板から亜鉛板に電流が流れたことを意味する。Cu は正極（陽極），Zn は負極（陰極）ということになる。この電池を発明者の名前をとって**ボルタ電池**という（**図8・4**）。ボルタ電池の起電力は約 $1.1\,V$ である。

■ 8・4・2　燃 料 電 池

電子移動に費やす化学物質を次々と補給する形の電池を**燃料電池**という。現在用いられている燃料電池として代表的なものは，水素を燃料として用いた水素燃料電池である。

負極の水素 H_2 がプラチナ（白金）Pt などの触媒の力を借りて水素イオン H^+ と電子 e^- になる。この電子が正極の酸素に移動して酸素分子 O_2 を酸素イオン O^{2-} とし，これが H^+ と反応して H_2O となる（**図8・5**）。

ボルタ電池の容器を素焼板で仕切った構造の電池をダニエル電池（上図）という。ボルタ電池より稼働時間が長く，実用的である。起電力はボルタ電池と同じである。

○ **発展学習** ○
太陽電池のしくみを調べてみよう。

このように水素燃料電池では発生する物質（廃棄物）が水だけなので，クリーンなエネルギー源といわれる。

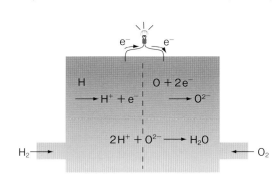

図8・5　燃料電池

● この章で学んだこと ●

□ 1　酸化されるとは酸化数が増加することである。

□ 2　還元されるとは酸化数が減少することである。

□ **3**　酸化剤は相手を酸化し，自分は還元される。

□ **4**　還元剤は相手を還元し，自分は酸化される。

□ **5**　金属がイオン化することは酸化されることである。

□ **6**　金属が析出することは還元されることである。

□ **7**　イオン化のしやすさはイオン化傾向で表される。

□ **8**　電池は物質の酸化還元反応に伴う電子移動の利用である。

□ **9**　ダニエル電池はボルタ電池の容器を素焼き板などで仕切ったような構造である。

□**10**　水素・酸素燃料電池は水素と酸素の酸化還元反応を用いるものである。

● 演 習 問 題 ●

8.1　硝酸 HNO_3 の窒素の酸化数を求めよ。

8.2　メタン CH_4，一酸化炭素 CO の炭素の酸化数を求めよ。

8.3　炭素が燃焼して二酸化炭素 CO_2 になった。炭素は酸化されたか還元されたか答えよ。

8.4　一酸化炭素と酸素が反応して二酸化炭素になった。この反応における酸化剤，還元剤はそれぞれ何か。

8.5　硫酸銅 $CuSO_4$ 溶液に鉄板 Fe を入れたらどのような変化が起こるか。

8.6　硫酸銀 Ag_2SO_4 溶液に銅板を入れたらどのような変化が起こるか。

8.7　ボルタ電池の正極で発生する気体は何か。

8.8　ボルタ電池において酸化，還元されたものはそれぞれ何か。

8.9　燃料電池において酸化，還元されたものはそれぞれ何か。

8.10　水素燃料電池によって発生する廃棄物は何か。

コラム

酸化・還元と日本語

「日本語は叙情的な話をするにはよくできているが，科学的な話をするには不備がある」という。例えば，酸化・還元の話にその一端が現れている。

鉄が錆びたときに①「鉄が酸化して錆びた」というのではなかろうか？　このときの「酸化して」は自動詞であり，錆びたのは鉄である。しかし②「酸素が鉄を酸化して錆びさせた」ともいう。このときの「酸化して」は他動詞であり，錆びたのはやはり鉄である。

それでは「A が酸化した」といったとき，錆びたのは何だろうか？　A 自身が酸化したのか，それともほかの物質 B を酸化した結果，B が錆びたのか？　「A が酸化した」という文章からは見当もつかない。これでは厳密な科学の話はできない。

多くの書では「酸化する」という動詞はもっぱら他動詞として用い，したがって① のときは「鉄が酸化されて錆びた」と表現している。しかし中には他動詞，自動詞を混同しており，前後の関係から類推するしかない場合もある。

ことほど左様に，日本語は扱いに注意を要する。

炭化水素の構造と性質

● 本章で学ぶこと ●

　有機物を構成する主な元素は炭素と水素である。炭素と水素だけからできた化合物を炭化水素といい，有機物の基本をなす物質群である。炭素は価標が 4 であり，4 本の結合手を使って単結合，二重結合，三重結合を形成する。有機化合物には構造に由来した名前が決まっており，構造が決まれば名前が決まり，名前がわかれば構造がわかるようになっている。

　有機化合物の構造には複雑なものが多いので，構造式を簡略化して表現することが多い。分子式は等しいが構造式の異なるものを互いに異性体という。有機物の種類が多いのは異性体の種類が多いことに一因がある。

　本章ではこのようなことを見ていこう。

9・1　炭化水素の結合と構造

　炭化水素は有機化合物の骨格をなすものである。炭化水素を構成する基本的な結合は単結合（一重結合），二重結合，三重結合である。

9・1・1　炭 素 の 価 標

　原子状態の炭素では，4 個の L 殻電子のうち 2 個が 2s 軌道に対を作って入り，残り 2 個が 2 個の 2p 軌道に 1 個ずつ入る。この結果不対電子は 2p 軌道の 2 個であり，価標は 2 本である。

　しかし結合状態の炭素の電子配置は異なる。炭素は 1 個の 2s 軌道と 3 個の 2p 軌道，合わせて 4 個の軌道を再編成して新しく 4 個の軌道を作る。これを **混成軌道**（この場合は特に sp^3 混成軌道）という。そして 4 個の L 殻電子を 4 個の混成軌道に入れるので不対電子は 4 個となり，価標も 4 本となる（**図 9・1**）。

先に表 2・2 (p. 24) において見た不対電子数と価標の間の食い違いは，このようにして説明される。

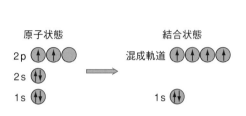

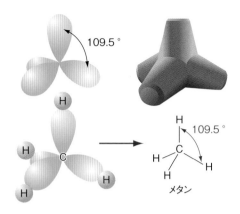

図9・1　原子状態と結合状態の電子配置

図9・2　メタンの構造

4本の価標は互いに109.5°の角度で交わり，海岸の波消しブロック，テトラポッドに似た形となる。

9・1・2　メタンの構造

単結合を飽和結合といい，二重結合，三重結合を不飽和結合という（2・3・3項）。

混成状態の炭素の4本の価標の各々に水素が結合したものがメタン CH_4 である。したがってメタンの結合角は109.5°であり，形はテトラポッド形（正四面体形）である（**図9・2**）。

9・1・3　エチレンの構造

エチレンは植物の熟成ホルモンであり，未熟な果実にエチレンを吸収させると果実は熟成し，また果実が熟成するときにはエチレンガスを発生する。

エチレン $H_2C=CH_2$ は二重結合を持っている。2個の炭素は互いに2本の価標を出し合って結合する。これは2本の結合で結ばれたことになるので二重結合という。各炭素は残った価標で水素と結合する。この結果エチレンの構造は平面型となり，結合角は全て120°となる（**図9・3**）。

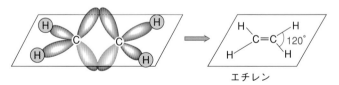

エチレン

図9・3　エチレンの構造

9・1・4　アセチレンの構造

カーバイド（炭化カルシウム） CaC_2 に水を反応させるとアセチレン C_2H_2 が発生する。
$$CaC_2 + H_2O \rightarrow C_2H_2 + CaO$$

アセチレン $HC \equiv CH$ の CC 間の結合は三重結合である。3個の炭素は互いに3本の価標を出し合って結合する。これは，3本の結合で結ばれたことになるので三重結合という。各炭素が残った価標で1個ずつの水素と結合するとアセチレンができあがる。**図9・4**から明らかなよう

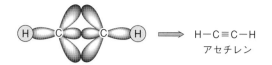

図9・4　アセチレンの構造

$$H-C\equiv C-H$$
アセチレン

に，4個の原子 H−C−C−H は一直線になる。

 ## 9・2　構 造 式 の 種 類

　分子を構成する原子の結合順序を示した記号を**構造式**という。構造式には丁寧なものから簡略化されたものまでいろいろある。

9・2・1　丁寧な構造式

　メタン（分子式 CH_4）を構成する5個の原子について，どの原子がどの原子に結合しているかを示した記号1（**表9・1**：以下同様）をメタンの構造式という。

　しかし，炭素4個からなる化合物の構造式は3や4となり，書くのも大変だし，見て理解するのも大変になる。

9・2・2　簡略化した構造式

　そこで，構造式を簡略化して表そうという工夫が行われた。その一つが表9・1のカラム2に示したものである。構造式を炭素1個ごとにまとめると，CH_3，CH_2，の単位になる。そこでこの単位を結合させて構造式としようというものである。

CH₃ をメチル基，CH₂ をメチレン基ということがある。

9・2・3　直線だけで表した構造式

　構造式はもっと簡単に書き表すことができる。それが表9・1のカラム3である。この表示法は構造式を直線の連続で表し，
① 直線の両端，および屈曲点には炭素がある。そして，
② 各炭素には価標を満足するだけの水素が付いている，とする。

　このように約束すると，ブタン3の構造式は9で表されることになる。9は折れ曲がった直線に過ぎないが，上の約束に従うと構造式3が一義的に浮かび上がる。

9・2・4　一般の構造式

　二重結合，三重結合をそれぞれ二重線，三重線で表すようにすると，エチレン，アセチレンも表示できることになり，エチレン C_2H_4 は詳しい表示法では11となるが，簡略法ではただの二重線13となってしまう。

表9・1　分子式と構造式

分子式	構造式		
	カラム1	カラム2	カラム3
CH_4	H | H−C−H | H　　1	CH_4 5	
C_2H_6	H　H |　| H−C−C−H |　| H　H　　2	$CH_3−CH_3$ 6	
C_4H_{10}	H　H　H　H |　|　|　| H−C−C−C−C−H |　|　|　| H　H　H　H　　3 H　H　H |　|　| H−C−C−C−H |　|　| H−C−H | H　　4	$CH_3−CH_2−CH_2−CH_3$ 7 $CH_3−CH−CH_3$ 　　　| 　　CH_3 8	9 10
C_2H_4	H　　　H 　C=C H　　　H　　11	$H_2C=CH_2$ 12	= 13
C_3H_6	H　H 　C H−C−C−H |　| H　H　　14 H　　　H 　C=C H　　　CH_3　17	CH_2 $CH_2−CH_2$ 15 $H_2C=CH−CH_3$ 18	△ 16 19
C_6H_6	H 　C H−C　　C−H 　C　　C H−C　　C−H 　C H　　20	CH HC　　CH HC　　CH CH 21	22

　環状化合物も同様の表示法で示すことができ，例えばシクロプロパン C_3H_6 はただの三角形 16 で表されることになる。

　環状化合物でも二重結合，三重結合を持つものはあり，例えばベンゼン C_6H_6 は詳しい構造式では 20 となるが，簡略化すると 22 となる。

　初歩的な本を除き，有機化学を扱う本のほとんど全ては構造式をカラム3の表示法で表す。

ベンゼンは下図のように表すこともある。

9・3　炭化水素の構造と名前

　全ての有機化合物は固有の名前を持っている。分子の命名法は構造式を基にして万国共通の約束に従う。したがって構造式が決まれば名前が決まり，名前がわかれば構造式も明らかになる関係にある。

9・3・1　ギリシャ語数詞

　有機化合物の命名法は，炭素の個数を基に命名する。そのため，ギリシャ語（一部ラテン語）の数詞が重要な役割を果たしている。ギリシャ語の数詞を見てみよう（**表9・2**）。

表9・2　ギリシャ語（一部ラテン語）数詞と炭化水素の名称

炭素数	数詞	名前	構造	数詞の例
1	mono モノ	methane メタン	CH_4	monorail （モノレール）
2	di (bi) ジ，ビ	ethane エタン	CH_3CH_3	bicycle （二輪車）
3	tri トリ	propane プロパン	$CH_3CH_2CH_3$	triangle （三角形）
4	tetra テトラ	butane ブタン	$CH_3(CH_2)_2CH_3$	tetrapod （テトラポッド）
5	penta ペンタ	pentane ペンタン	$CH_3(CH_2)_3CH_3$	pentagon （米国防総省）
たくさん	poly ポリ			polymer （高分子化合物）

1　モノ：モノレールはレールが1本
2　ジ or ビ：自転車（bicycle）は車輪が2つ
3　トリ：トライアングル（triangle）は三角形
4　テトラ：テトラポッドは脚が4本
5　ペンタ：ペンタゴン（米国防総省）は平面が五角形
多数　ポリ：ポリエチレンは多数のエチレン分子が結合したもの

9・3・2　命　名　法

　簡単な命名法を見てみよう（**図9・5**）。

A　アルカンの命名法

　単結合だけでできた直鎖状の炭化水素をアルカンという。炭素数を n とすると分子式は C_nH_{2n+2} となる。アルカンの命名法は次のようである。

数詞の語尾に ne を付ける。

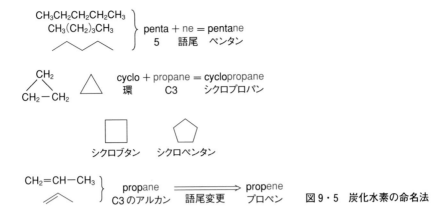

図 9・5　炭化水素の命名法

炭素 5 個のアルカン C_5H_{12} は 5 の数詞 penta を使って，penta ＋ ne ＝ pentane，ペンタンとなる。ただし，$n = 1 〜 4$ までは，伝統的に使われてきた名前で呼ぶことにする。このような名前を慣用名という。

B　シクロアルカンの命名法

● 発展学習 ●
三重結合を含む化合物の一般名と命名法を調べてみよう。

環状のアルカンをシクロアルカンという。n 個の炭素からなるものの分子式は C_nH_{2n} である。命名法は次のようである。

炭素数が等しいアルカンの名前の前に cyclo シクロを付ける。

炭素数 3 では cyclo ＋ propane ＝ cyclopropane，シクロプロパンである。

C　アルケンの命名法

直鎖状炭化水素で二重結合を 1 個含むものをアルケンという。n 個の炭素からなるものの分子式は C_nH_{2n} である。命名法は次のようである。

炭素数が等しいアルカンの語尾の ane を ene に代える。

炭素数 3 のアルケンは propane の語尾を代えて propene，プロペンとなる。プロペンは慣用名のプロピレンで呼ばれることもある。

9・4　異性体

分子式が同じで構造式の異なる分子を互いに異性体という。

9・4・1　アルカンの異性体

表 9・3　炭素の個数と異性体の個数

C の個数	異性体の個数
4	2
5	3
10	75
15	4347
20	356319

分子式 C_4H_{10} で表される分子は 1 と 2 の二つがある（図 9・6）。1 と 2 の構造式を重ね合わせることはできないので二つは異なる物質である。このように，分子式は同じだが構造式の異なるものを互いに異性体という。C_5H_{12} では 3，4，5 の三つの異性体が存在する。表 9・3 にまとめたように，異性体の個数は，炭素数が増えると急速に増える。

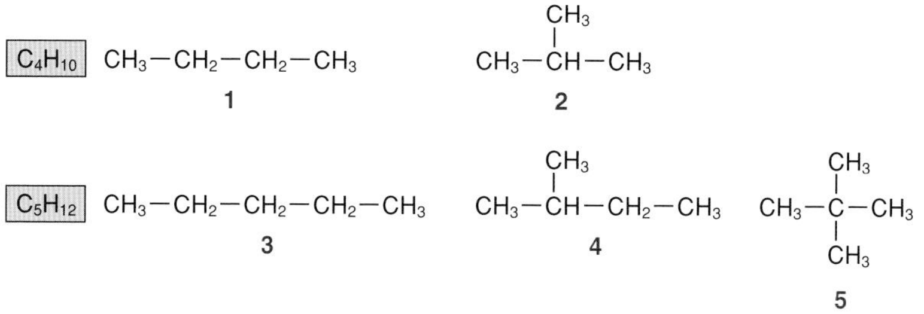

図 9・6　アルカンの異性体

9・4・2　アルケンの異性体

　分子式 C_4H_8 のアルケンの異性体には 6, 7, 8 の 3 種類がある（図 9・7）。6, 7 の違いは二重結合の位置である。しかし，単に分子式 C_4H_8 の異性体というとこれだけではない。シクロアルカン 9, 10 も加わることになる。しかし，実はこれだけでもないのである。

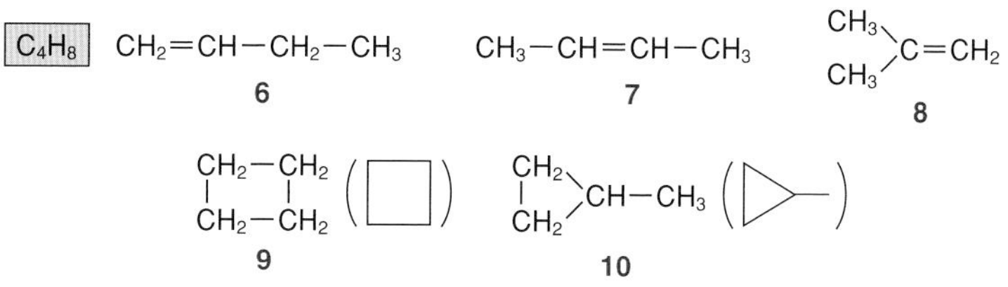

図 9・7　アルケンの異性体

9・4・3　立 体 異 性 体

　7 の構造式を立体的に見ると 7a と 7b の 2 種類があることがわかる（図 9・8）。二重結合は回転する（ねじる）ことができないので 7a と 7b は互いに異なる物質であり，異性体である。すなわち，C_4H_8 の異性体には 6, 7a, 7b, 8, 9, 10 の 6 種類があるのである。

　7a, 7b のように，原子の結合順序は同じだが立体的な方向が異なるための異性体を**立体異性体**という。立体異性にはいろいろの種類がある。

● 発展学習 ●
回転異性（配座異性）とニューマン投影式について調べてみよう。

A　シス–トランス異性

　7a のように同じ原子団が二重結合の同じ側にあるものを**シス体**，7b のように反対側にあるものを**トランス体**という。そしてこのような異性現象をシス–トランス異性という。

シス–トランス異性が存在するのは，二重結合が回転する（ねじれる）ことができないことの証明になる。

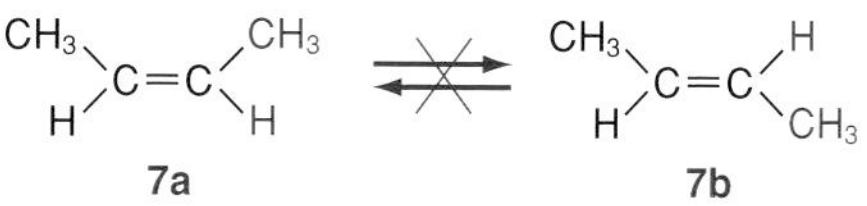

図 9・8　シス–トランス異性体

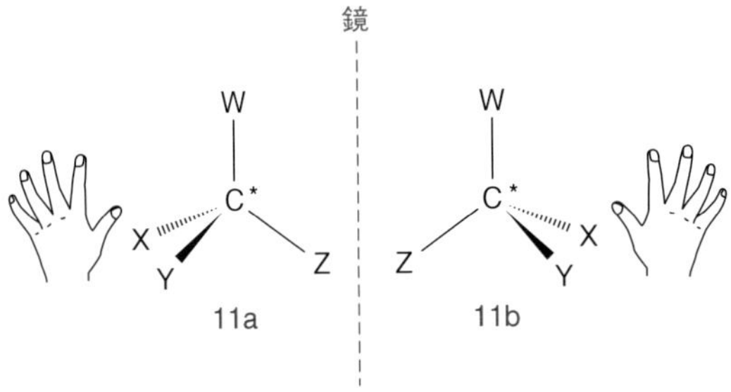

図9・9　鏡像異性体

B　鏡像異性

　分子11aと11bは共に，炭素に互いに異なる四つの原子団W，X，Y，Zが付いたものである（**図9・9**）。この図で，直線で書いた結合は紙面上にあり，楔 形の結合は手前に飛び出し，破線の結合は紙面の奥に伸びるものとする。すると，この二つの構造式を重ね合わせることはできないことがわかる。すなわち，この二つの分子は互いに異なり，異性体なのである。

　この二つの分子は右手と左手の関係のように，鏡に写すと互いに同じものになる。このような関係にある異性体を**鏡像異性体**という。天然物には鏡像異性現象を示すものがたくさんある。

●**この章で学んだこと**●●●●●●●●●●●●●●●●●●●●●●●●●●●●●●

- □ **1**　メタンの構造はテトラポッド形（正四面体形）であり，結合角は109.5°である。
- □ **2**　エチレンの構造は平面型で，結合角は全てほぼ120°である。
- □ **3**　アセチレンは直線型である。
- □ **4**　有機物の構造式は直線の組み合わせで表すことが多い。
- □ **5**　アルカンの名前は数詞にneを付ける。
- □ **6**　シクロアルカンの名前は相当するアルカンの前にシクロを付ける。
- □ **7**　アルケンの名前は相当するアルカンの語尾のaneをeneに代える。
- □ **8**　分子式が同じで構造式の異なるものを互いに異性体という。
- □ **9**　二重結合は回転できないのでシス-トランス異性が生じる。
- □ **10**　異なる四つの原子団が結合した炭素には鏡像異性体が生じる。

●●●●●●●●●●●●●●●●●●●●●●●●●● 演 習 問 題 ●●●●●●●●●●●

9.1　メタンの一つの水素がCH_3で置き換わった化合物，エタンC_2H_6の結合状態をメタンと同様に書け。

9.2 右の化合物の構造を丁寧な構造式で書け。

9.3 右の化合物をアルカン，シクロアルカン，アルケンに分類せよ。

9.4 右の化合物の名前を書け。 a）$CH_3(CH_2)_3CH_3$ b） c）

9.5 次の化合物の構造式を簡略化した形で書け。

 a）プロパン b）シクロブタン c）シクロペンテン

9.6 分子式 C_3H_6 の異性体の構造式を全て書け。

9.7 $CH_3CH{=}CHCH_2CH_3$ のシス体とトランス体の構造式を書け。

9.8 右の化合物の鏡像異性体の構造式を書け。

$$CH_3$$
$$Cl\text{------}C\text{------}H$$
$$Br$$

9.9 右の化合物の結合角度 ∠CCC は何度か答えよ。 a） b） c） d）

9.10 一組の異性体において互いに等しい性質はどれか。

 a）分子量 b）融点 c）原子の種類 d）屈折率 e）密度 f）色 g）匂い h）毒性

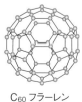

コラム

炭化水素の構造

　炭化水素（ハイドロカーボン）は分類の仕方によって数えきれないほどの種類があり，その分子構造は無数といってよいほどある。その多くはナンダと思うようなありきたりなものであるが，中にはハッとするほど特徴的なものもあり，その中には数学者でも思い付かない（失礼！）ような奇抜なものもある。

　ここでは幾何学的に面白いものをご紹介しよう。これらは決して化学者の空想によるものではなく，全て合成済みのものである。

シクロプロパン	シクロブタン	キュバン	プロペラン	アダマンタン
C_3H_6	C_4H_8	C_8H_8	C_5H_8	$C_{10}H_{16}$

C_{60} フラーレン

カーボンナノチューブ

（C_{60} とカーボンナノチューブは水素を含まない炭素の同素体である）

有機化合物の性質と反応

●本章で学ぶこと

　有機化合物には多くの種類があり，それぞれ特有の性質と反応性を持っている。有機化合物の性質を考えるときに便利な方法は，分子を本体部分と，それに結合した置換基部分に分けて考えることである。このようにすると，本体部分は同じでも，置換基が異なると性質，反応性が大きく異なることがあることがわかる。有機化合物の性質に大きく影響する置換基を官能基と呼ぶ。

　有機化合物はどのような官能基を持っているかによって，アルコール，エーテル，ケトン，アルデヒド，カルボン酸，アミン，ニトリルなど何種類かに分類され，それぞれ特徴的な性質と反応性を持つ。

　本章ではこのようなことを見ていこう。

10・1　置換基

　有機化合物では分子を二つの部分に分けて考えることが多い。本体部分と，それに付随した部分である。付随した部分を**置換基**という。

10・1・1　アルキル基

　炭素と水素だけからでき，不飽和結合を含まない置換基を**アルキル基**と呼ぶ。代表的なものは，メチル基 $-CH_3$（$-Me$ とも書く）とエチル基 $-CH_2CH_3$（$-Et$）である。アルキル基の働きは主に機械的なものであり，分子の体積や，立体的な形を通して反応に影響を与える。

10・1・2　官能基

　アルキル基以外の置換基を**官能基**という。官能基は分子の性質に大き

表 10・1　さまざまな官能基

官能基	名称	一般式	一般名	例	
—⟨フェニル⟩	フェニル基	R—⟨⟩	芳香族	CH_3—⟨⟩	トルエン
—OH	ヒドロキシ基	R—OH	アルコール	CH_3—OH	メタノール
				CH_3CH_2—OH	エタノール
				⟨⟩—OH	フェノール
>C=O	カルボニル基	$\begin{smallmatrix}R\\R\end{smallmatrix}$C=O	ケトン	$\begin{smallmatrix}CH_3\\CH_3\end{smallmatrix}$C=O	アセトン
				⟨⟩⟨⟩C=O	ベンゾフェノン
—C(=O)H	ホルミル基	R—C(=O)H	アルデヒド	H—C(=O)H	ホルムアルデヒド
				CH_3—C(=O)H	アセトアルデヒド
				⟨⟩—C(=O)H	ベンズアルデヒド
—C(=O)OH	カルボキシ基	R—C(=O)OH	カルボン酸	H—C(=O)OH	ギ酸
				CH_3—C(=O)OH	酢酸
				⟨⟩—C(=O)OH	安息香酸
—NH_2	アミノ基	R—NH_2	アミン	CH_3—NH_2	メチルアミン
				⟨⟩—NH_2	アニリン
—NO_2	ニトロ基	R—NO_2	ニトロ化合物	CH_3—NO_2	ニトロメタン
				⟨⟩—NO_2	ニトロベンゼン
				O_2N—⟨CH_3, NO_2, NO_2⟩	トリニトロトルエン
—CN	ニトリル基	R—CN	ニトリル化合物	CH_3—CN	アセトニトリル
				⟨⟩—CN	ベンゾニトリル

く影響するので，同じ官能基を持つ分子は似た性質を持つことになる。

官能基の主なものを**表 10・1**にまとめた。

A　フェニル基：ベンゼンから導かれた置換基である。この置換基を持つものは一般に**芳香族**（ほうこうぞく）と呼ばれる。

B　ヒドロキシ基：日本語で水酸基と呼ばれることもある。この置換基を持つものを**アルコール類**と呼ぶ。一般にアルコールというとエタ

芳香族の「芳香」は「良い香り」という意味であるが，芳香族と芳香の間には何の関係もない。

ノール EtOH を指すことが多い。

C　カルボニル基：C＝O 二重結合の置換基である。この置換基を含む
ものは一般に**ケトン**と呼ばれる。ケトンは高い反応性を持つ。

D　ホルミル基：カルボニル基に水素が付いた構造の置換基である。こ
の置換基を持つものは**アルデヒド**と呼ばれる。ホルムアルデヒドは
シックハウス症候群の原因の一つと考えられている。

E　カルボキシ基：カルボニル基にヒドロキシ基が付いた構造の置換基
である。この置換基の付いた分子は**カルボン酸**と呼ばれ，酸性を示す。
食酢に含まれる酢酸 CH_3-COOH はカルボン酸の一種である。

> カルボン酸は有機物の酸なの
> で有機酸と呼ばれることもあ
> る。

F　アミノ基：アミノ基を持つ分子は**アミン**と呼ばれる。アミンは H^+
を受け取る性質があり，塩基性である。

G　ニトロ基：ニトロ基を持つ化合物はニトロ化合物と呼ばれる。トリ
ニトロトルエンのように激しい爆発性を持つものがある。

H　ニトリル基：シアノ基とも呼ばれる。この置換基を持つ化合物はニ
トリル化合物，あるいはシアノ化合物と呼ばれる。猛毒のシアン化水
素（HCN；青酸）を発生することがあるので取り扱いには注意を要す
る。

10・2　炭化水素の反応

炭化水素の反応から見ていくことにしよう。

10・2・1　付 加 反 応

アルケンの二重結合に小さな分子が付加すると**アルカン**になる（9・3・
2 項）。このような反応を一般に付加反応という。

A　水素付加反応：アルケンにパラジウム Pd などの適当な触媒存在下
で水素ガスを反応させると，二重結合を構成する炭素に水素が付加し
てアルカンになる。このような反応を接触還元という。

アルケン　　　　　　　　　　　　アルカン

> ● **発展学習** ●
> シス付加，トランス付加につ
> いて調べてみよう。

B　臭素付加反応：アルケンに臭素 Br_2 を付加すると，二重結合を構成
する 2 個の炭素に臭素が付加した二臭化物が得られる。

$$R_2C=CR_2 + Br_2 \longrightarrow R-\underset{Br}{\underset{|}{C}}-\underset{Br}{\underset{|}{C}}-R$$

アルケン　　　　　　　　　　二臭化物

C　水の付加反応：アルケンに水を付加させると，片方の炭素に H，も
　う片方に OH が付加してアルコールが生成する。エチレンに水を付
　加させるとエタノールとなる。この反応はエタノールの工業的な合成
　法である。

このような化学合成で作られ
たエタノールを合成アルコー
ル，それに対して糖類から発
酵によって作られたエタノー
ルを発酵アルコール，あるい
は醸造アルコールと呼ぶこと
がある。

$$R_2C=CR_2 + H_2O \longrightarrow R-\underset{R}{\underset{|}{\overset{H}{\overset{|}{C}}}}-\underset{R}{\underset{|}{\overset{OH}{\overset{|}{C}}}}-R$$

アルケン　　　　　　　　　　アルコール

$$H_2C=CH_2 + H_2O \longrightarrow CH_3-CH_2-OH$$

エチレン　　　　　　　　　エタノール

▎10・2・2　脱 離 反 応

大きな分子から小さな分子が外れる反応を**脱離反応**という。

A　脱水反応：アルコールから水が外れ，その跡が二重結合になる反応
　である。エタノールを触媒の硫酸存在下，170 ℃ に熱すると脱水して
　エチレンになる。

$$R-\underset{R}{\underset{|}{\overset{H}{\overset{|}{C}}}}-\underset{R}{\underset{|}{\overset{OH}{\overset{|}{C}}}}-R \xrightarrow{-H_2O} R_2C=CR_2$$

アルコール　　　　　　　　　　アルケン

$$CH_3-CH_2-OH \xrightarrow[170\,℃]{H_2SO_4} CH_2=CH_2 + H_2O$$

エタノール　　　　　　　　エチレン

B　脱ハロゲン化水素反応：塩素 Cl や臭素 Br を含む化合物が，塩化水
　素 HCl や臭化水素 HBr を外してアルケンになる反応である。ハロゲ
　ン原子を 2 個含む分子は 2 個のハロゲン化水素を外して三重結合を含
　むアルキンとなる。
　　したがってアルケンに臭素を付加し，次いで 2 分子の脱 HBr を行う
　とアルケンをアルキンに換えることができる。

脱 HBr 反応は正確には脱臭
化水素反応という。

$$R-\overset{\overset{\displaystyle H}{|}}{\underset{\underset{\displaystyle R}{|}}{C}}-\overset{\overset{\displaystyle Br}{|}}{\underset{\underset{\displaystyle R}{|}}{C}}-R \xrightarrow{-HBr} \overset{R}{\underset{R}{>}}C=C\overset{<R}{\underset{R}{}}$$

臭化物　　　　　　　　　　　　　　　　アルケン

$$R-\overset{\overset{\displaystyle Br}{|}}{\underset{\underset{\displaystyle H}{|}}{C}}-\overset{\overset{\displaystyle H}{|}}{\underset{\underset{\displaystyle Br}{|}}{C}}-R \xrightarrow{-HBr} \overset{\overset{\displaystyle R}{|}}{C}=\overset{\overset{\displaystyle R}{|}}{\underset{\underset{\displaystyle Br}{|}}{\underset{\underset{\displaystyle H}{}}{C}}} \xrightarrow{-HBr} R-C\equiv C-R$$

二臭化物　　　　　　　　　　アルケン　　　　　　　　アルキン

C　分子間脱離反応：エタノールを硫酸存在下，140 ℃ で加熱するとジ
エチルエーテル (単にエーテルということもある) を生じる。

$$CH_3CH_2-O-\boxed{H\quad H-O}-CH_2CH_3 \xrightarrow[140\,℃]{H_2SO_4} CH_3CH_2-O-CH_2CH_3$$

エタノール　　　　　　　　　　　　　　　　　　ジエチルエーテル

この反応は 2 分子のエタノールから 1 分子の水が取れた反応であ
り，分子間脱離反応 (分子間脱水反応) といわれる。

ジエチルエーテルは麻酔作用
があるので，かつて全身麻酔
薬として用いられたこともあ
る。しかし引火性が強くて危
険なことなどもあり，先進国
で用いられることはない。

10・2・3　置 換 反 応

アルコールに塩酸を作用させると OH 基が Cl に置き換わり，塩化物
となる。このように置換基がほかの置換基に置き換わる反応を**置換反応**
という。

$$R-OH + HCl \longrightarrow R-Cl + H_2O$$

アルコール　　　　　　　　　塩化物

有機化学では，炭素 C，水素
H 以外の元素をまとめてヘ
テロ元素と呼ぶことがある。

10・3　酸素を含む化合物

酸素を含む有機物には重要なものが多い。

10・3・1　アルコール・エーテル

酒類に含まれるアルコールは
エタノールである。メタノー
ルは有害である。

A　アルコール：ヒドロキシ基を含むものをアルコールという。最小の
アルコールはメタノールである。エタノールは飲料になる。アルコー
ルが分子内脱水反応を行うとアルケンになり，分子間脱水反応を行う
とエーテルになる。アルコールを酸化するとアルデヒドになり，さら
に酸化するとカルボン酸になる。

$$R-\overset{\overset{\displaystyle H}{|}}{\underset{\underset{\displaystyle R}{|}}{C}}-\overset{\overset{\displaystyle OH}{|}}{\underset{\underset{\displaystyle R}{|}}{C}}-R \xrightarrow[-H_2O]{分子内脱水} \overset{R}{\underset{R}{>}}C=C\overset{<R}{\underset{R}{}}$$

アルコール　　　　　　　　　　　　　アルケン

$$R-CH_2-OH \xrightarrow[\text{酸化}]{(O)} R-C\!\!\begin{array}{c}{}^{\displaystyle O}\\{}_{\displaystyle H}\end{array} \xrightarrow{(O)} R-C\!\!\begin{array}{c}{}^{\displaystyle O}\\{}_{\displaystyle O-H}\end{array}$$

　　アルコール　　　　　　　　アルデヒド　　　　　　　　カルボン酸

$$CH_3-CH_2-OH \xrightarrow{(O)} CH_3-C\!\!\begin{array}{c}{}^{\displaystyle O}\\{}_{\displaystyle H}\end{array} \xrightarrow{(O)} CH_3-C\!\!\begin{array}{c}{}^{\displaystyle O}\\{}_{\displaystyle OH}\end{array}$$

　　エタノール　　　　　　　アセトアルデヒド　　　　　　酢酸

お酒として飲んだエタノールが体内で酵素によって酸化されるとアセトアルデヒドとなる。しかしこれは有毒で，二日酔いの原因になる。

B　エーテル：酸素を挟んで 2 個のアルキル基もしくはフェニル基が結合したものを一般にエーテルという。単にエーテルというとジエチルエーテルを指す。ジエチルエーテルは引火性が強く，爆発的に燃焼する。

$$2\ R-\overset{\displaystyle H}{\underset{\displaystyle R}{C}}-\overset{\displaystyle OH}{\underset{\displaystyle R}{C}}-R \xrightarrow[-H_2O]{\text{分子間脱水}} R-\overset{\displaystyle H}{\underset{\displaystyle R}{C}}-\overset{\displaystyle R}{\underset{\displaystyle R}{C}}-O-\overset{\displaystyle R}{\underset{\displaystyle R}{C}}-\overset{\displaystyle H}{\underset{\displaystyle R}{C}}-R$$

　　　　　　　　　　　　　　　　　　　　　　エーテル

■ 10・3・2　ケトン・アルデヒド

A　ケトン：カルボニル基を持つ化合物をケトンという。アセトンは最も小さなケトンであり，有機物を溶かす性質が強い。そのため，溶剤（シンナー）や洗浄剤に用いられる。

B　アルデヒド：ホルミル基を含む化合物をアルデヒドと呼ぶ。アルデヒドは酸化されてカルボン酸になり，還元されるとアルコールになる。硫酸銅 $CuSO_4$ の青い水溶液にアルデヒドを加えると 2 価の銅イオン Cu^{2+} が 1 価の酸化銅 Cu_2O となり，レンガ色の沈殿ができる。これを

ホルムアルデヒドはある種のプラスチック（熱硬化性樹脂）の原料である。未反応物質としてそのプラスチックに残り，そこから揮発したホルムアルデヒドがシックハウス症候群の一因であるといわれている（11・5・2項）。

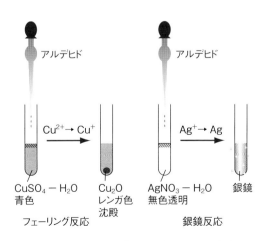

図 10・1　フェーリング反応（左）と銀鏡反応（右）

このように化学反応を用いて金属をメッキすることを化学メッキという。

フェーリング反応という。また硝酸銀 $AgNO_3$ 水溶液にアルデヒドを加えると銀イオン Ag^+ が還元されて金属銀 Ag となる。これを**銀鏡反応**（トレンス反応）という（図 10・1）。

　フェーリング反応と銀鏡反応はアルデヒドを確認する反応に使われる。

▌10・3・3　カルボン酸・エステル

A　カルボン酸：カルボキシ基を持つ化合物をカルボン酸という。カルボン酸は水素イオン H^+ を放出するので酸である。

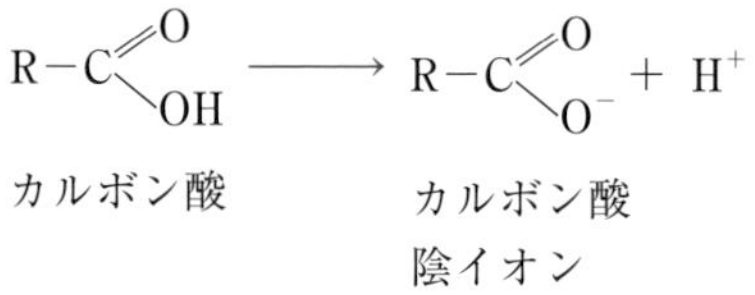

$$R-C\overset{O}{\underset{OH}{\diagdown}} \longrightarrow R-C\overset{O}{\underset{O^-}{\diagdown}} + H^+$$

カルボン酸　　　　　カルボン酸陰イオン

酢酸は食用の酢の成分である。

B　エステル：カルボン酸とアルコールは反応して水とエステルになる。このような反応をエステル化という。エステルに水を作用させるとカルボン酸とアルコールになる。この反応を（エステルの）加水分解という。一般にエステルは香りの良いものが多く，果実に多く含まれる。

酢酸エチルエステル（サクエチ）は有機物を溶かす力が強く，かつては塗料を溶かす溶剤（シンナー）の成分としてよく用いられたが，毒性のあることがわかり，現在では一般に用いられていない。

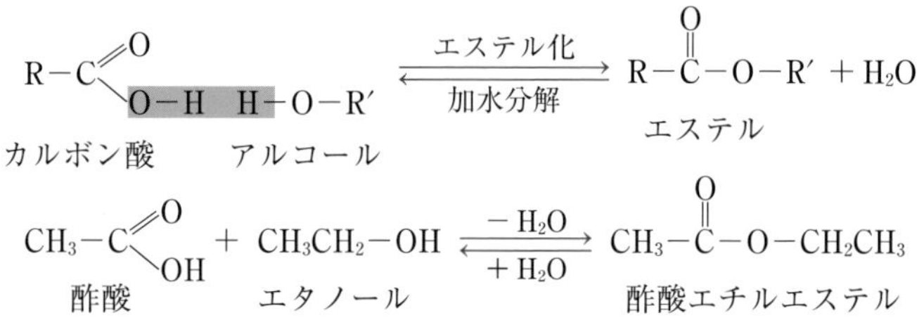

$$R-C\overset{O}{\underset{O-H}{\diagdown}} \quad H-O-R' \underset{加水分解}{\overset{エステル化}{\rightleftarrows}} R-C\overset{O}{\overset{\|}{}}-O-R' + H_2O$$

カルボン酸　　　アルコール　　　　　　　　　エステル

$$CH_3-C\overset{O}{\underset{OH}{\diagdown}} + CH_3CH_2-OH \underset{+H_2O}{\overset{-H_2O}{\rightleftarrows}} CH_3-\overset{O}{\overset{\|}{C}}-O-CH_2CH_3$$

酢酸　　　　　エタノール　　　　　　酢酸エチルエステル

10・4　窒素・硫黄を含む化合物

窒素 N，硫黄 S もまた有機物を構成する重要な元素である。

▌10・4・1　アミン

　アミノ基を持つ化合物をアミンという。アミンは H^+ と反応して第四級アンモニウム塩となる。アミンはこのように H^+ を取り込む性質があるので塩基である。

$$R-NH_2 \overset{H^+}{\longrightarrow} R-NH_3^+$$

アミン　　　　　　第四級アンモニウム塩

アミンとカルボン酸が反応すると水とアミドが生成する。この反応を

アミド化という。アミド化は脱水縮合反応の一種である。アミドを加水分解するとアミンとカルボン酸になる。

$$R-C\underset{O-H}{\overset{O}{\Big\backslash}} \quad \underset{H-N-R'}{\overset{H}{|}} \quad \xrightarrow[加水分解]{アミド化} \quad R-C\overset{O}{\underset{|}{\Big\|}}\overset{H}{\underset{|}{N}}-R' + H_2O$$

カルボン酸　　　アミン　　　　　　　　　　　　　　アミド結合

　　　　　　　　　　　　　　　　　　　　　　　　アミド

■ 10・4・2 アミノ酸

　一つの炭素にアミノ基とカルボキシ基を持つ化合物を**アミノ酸**（正確には α-アミノ酸）という。アミノ酸はタンパク質の原料である。

　2個のアミノ酸の間でアミド結合したものを**ペプチド**という。アミノ酸の間で構成されるアミド結合を特に**ペプチド結合**という。多くのアミノ酸がペプチド結合で結合したものをポリペプチドといい，タンパク質もポリペプチドの一種である（**図 10・2**）。

　アミノ酸には 9・4・3 項で見た鏡像異性体が存在する。アミノ酸では両者を D 体，L 体として区別する（**図 10・3**）。実験室でアミノ酸を合成すると D 体と L 体の 1：1 混合物となるが，天然に存在するアミノ酸は例外を除いて全て L 体である。

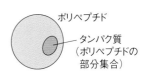

図 10・2　ポリペプチドとタンパク質の関係

図 10・3　アミノ酸の鏡像異性体

■ 10・4・3 硫黄を含む化合物

　硫黄は酸素と同じ 16 族元素であるため，酸素化合物と似た構造の化合物を作る。SH 原子団を持つ化合物はメルカプタンと呼ばれ（チオールともいう），悪臭を持つものが多い。硫黄に 2 個のアルキル基が結合したものはスルフィド，あるいはチオエーテルと呼ばれる。

R−SH
メルカプタン

R−S−R′
スルフィド

10・5　芳香族化合物

　ベンゼン，ナフタレン，アントラセンなどを基本骨格とする化合物を芳香族という（**図 10・4**）。芳香族というが必ずしも芳香があるわけではない。芳香族は安定であり，反応性に乏しいが，各種有機化合物の合成原料として重要なものが多い。

ベンゼン　　　　　　　　ナフタレン　　　　　　　　　　アントラセン

図10・4　芳香族化合物の基本骨格

10・5・1　メチル基を含むもの

置換基のついた位置を1位とすると1位をイプソ位，2, 6位をオルト位，3, 5位をメタ位，4位をパラ位という。

ベンゼンにメチル基が1個付いたものをトルエン，2個付いたものをキシレンという。トルエンは溶剤（シンナー）として用いられたが，毒性が強いので使用は差し控えられている。

キシレンはメチル基の相対的な位置関係によって，オルト–キシレン（o–キシレン），メタ–キシレン（m–キシレン），パラ–キシレン（p–キシレン）の3種類がある（図10・5）。

トルエン　　　　　　オルト–キシレン　　メタ–キシレン　　パラ–キシレン

図10・5　メチル基を含む芳香族化合物

10・5・2　酸素を含むもの

酸素を含む置換基を持つ芳香族を見てみよう（図10・6）。

A　フェノール：ベンゼンにヒドロキシ基が付いたものをフェノール（日本名 石炭酸）といい，アルコールの一種である。一般にアルコールは中性であるが，フェノールは例外的に酸性である。

フェノール（酸性）

安息香酸（酸性）

図10・6　酸素を含む芳香族化合物

B　安息香酸：トルエンを酸化するとメチル基が酸化されてカルボキシ
基となり，安息香酸が生成する。安息香酸は各種医薬品をはじめ，有
機化合物の合成原料として重要である。

█ 10・5・3　窒素・硫黄を含むもの

窒素・硫黄を含む置換基を持つ芳香族を見てみよう（図 10・7）。

A　ニトロベンゼン：ベンゼンに硝酸と硫酸（硫酸は触媒）を作用させ
るとニトロベンゼンが生じる。この反応をニトロ化という。ニトロ化
はベンゼンの H が NO_2 に置き換わるという意味で置換反応の一種で
ある。

◉ **発展学習** ◉
ニトロベンゼンを還元すると
アニリンになる。その反応に
使用する試薬は何かを調べて
みよう。

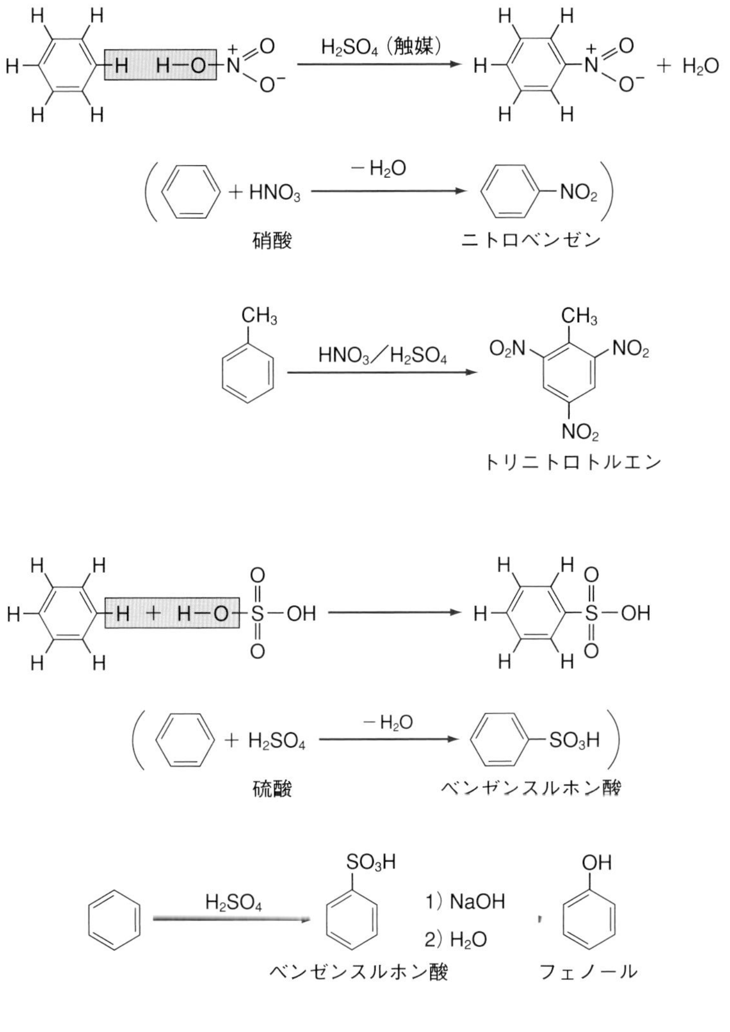

硝酸　　　　　　　　　ニトロベンゼン

トリニトロトルエン

トリニトロトルエンは TNT
とも呼ばれ，典型的な爆薬で
ある（第 6 章コラム「爆発反
応」参照）。

硫酸　　　　　　　　ベンゼンスルホン酸

ベンゼンスルホン酸　　　　フェノール

フェノールは酸性なので石炭
酸とも呼ばれ，消毒剤として
用いられる。

図 10・7　窒素・硫黄を含む芳香族化合物

　　　　　　　　　　　　　トルエンを徹底的にニトロ化すると 3 個のニトロ基が導入されてト
　　　　　　　　　　　　リニトロトルエンとなる。
　　　　　　　　B　　ベンゼンスルホン酸：ベンゼンに硫酸を作用させるとベンゼンスル
　　　　　　　　　ホン酸が生成する。この反応をスルホン化といい，置換反応の一種で
　　　　　　　　　ある。
　　　　　　　　　　ベンゼンスルホン酸と水酸化ナトリウムを混ぜて加熱（溶融）する
　　　　　　　　　とフェノールのナトリウム塩が生成し，それを水で分解するとフェ
　　　　　　　　　ノールになる。

● この章で学んだこと

- □ **1**　官能基は有機物の性質と反応性を支配する。
- □ **2**　不飽和結合に小さな分子が付加する反応を付加反応という。
- □ **3**　大きな分子から小さな分子が外れ，跡が不飽和結合になる反応を脱離反応という。
- □ **4**　置換基がほかの置換基に換わる反応を置換反応という。
- □ **5**　アルコールを酸化するとアルデヒドになり，さらに酸化するとカルボン酸になる。
- □ **6**　アルデヒドは還元性を持つ。
- □ **7**　カルボン酸は酸性である。
- □ **8**　アルコールとカルボン酸は脱水縮合（エステル化）してエステルを与える。
- □ **9**　アミンは塩基性である。
- □ **10**　芳香族は安定であり，置換反応以外の反応は起こしにくい。

● 演 習 問 題 ●

10.1　次の置換基の構造を書け。

　　a) カルボキシ基　　　b) ホルミル基　　　c) ニトロ基

10.2　次の置換基を持つ化合物は一般に何と呼ばれるか。

　　a) カルボニル基　　　b) ヒドロキシ基　　　c) フェニル基

10.3　プロペンに水素を付加したときの生成物の構造式と名前を書け。

10.4　次の化合物から HBr が脱離して生じる生成物の構造式と名前を書け。

　　$CH_3-CH_2-CH_2-CH_2-CH_2-Br$

10.5　フェノールが分子間脱水して生じる生成物の構造式を書け。

10.6　安息香酸とエタノールから生じるエステルの構造式を書け。

10.7　酢酸とアニリンから生じるアミドの構造式を書け。

10.8　キシレンの異性体 3 種の構造式と名前を書け。

10.9　硫酸銅水溶液にアルデヒドを加えたらどんな変化が起こるか。その変化が起こる理由も説明せよ。

10.10 次の空欄に適当な構造式を入れよ。

自然の秘密

実験室でアミノ酸を作れば，D体とL体が1：1で混じった**ラセミ体**ができる。ところが，少なくとも地球上の自然界に存在するタンパク質は，特殊な例外を除いて，全てL体のアミノ酸からできている。しかしながら，その理由は誰も知らない。心臓が体の左側にある理由を誰も知らないのと同じことである。

鏡像異性体は自然界のあちこちに存在し，合成化学物質にも多く存在するが，その生理的な違いは大きい。大きな問題になったのは睡眠剤のサリドマイドである。これはドイツの薬品会社が開発して1957年に市販したものであるが，恐ろしい副作用を持っていた。妊娠初期にこの薬を服用した母親から腕の短い赤ちゃんが生まれたのである。被害児は世界中で4000人ほど，日本でも300人以上誕生した。この薬害はアザラシ症候群と呼ばれた。

原因はサリドマイドの鏡像異性体であった。サリドマイドの構造は**図**のようで，鏡像異性体A，Bが存在する。そのうち片方は催眠性があるが，もう片方は恐ろしい催奇形性を持っていたのである。催奇形性のない方だけを選んで用いればよかったのかもしれないが，鏡像異性体の分離は化学的に不可能である。

しかもサリドマイドはその特殊な構造のゆえに，AでもBでも体内に入ると10時間ほどでA：B＝1：1の混合物に変化するという，どこまでも恐ろしい物質であった。

サリドマイドの毒性は毛細血管の生成を阻害することにあった。しかしこの効果は，糖尿病による失明を阻止し，ガン細胞の成長を阻害することにもつながる。そのため，サリドマイドは現在，医師による厳密な注意の下，これらの病気の薬剤として使われている。

第11章

高分子化合物の構造と性質

●本章で学ぶこと・・・・・・・・・・・・・・・・・・・・・・・・・・・・・・・・・・・・・・・

　一般にプラスチック（合成樹脂），合成繊維，ゴムなどといわれるものをまとめて高分子化合物という（単に高分子ともいう）。高分子は何千個もの小さい単位分子が共有結合によって結合したものである。

　ポリエチレンは多くのエチレン分子が結合したものであり，このような反応を重合という。それに対して PET（ペット），ナイロンは単位分子の間から水が取れながら結合したものであり，脱水縮合によるものである。

　化学的には全く同じ高分子も，処理の仕方によってプラスチック（合成樹脂）や合成繊維になる。高分子は温めると軟らかくなる熱可塑性樹脂（高分子）と，温めても軟らかくならない熱硬化性樹脂に分けることができる。

　本章ではこのようなことを見ていこう。

11・1　高分子とは

　高分子とは一般にプラスチック（合成樹脂）や合成繊維，ゴムなどと呼ばれるものである。しかし，天然物であるデンプン，セルロース，タンパク質なども高分子であり，私たち自身も高分子からできている。

11・1・1　高分子の構造

　高分子は非常に長い分子であり，鎖にたとえることができる。鎖は長いが，小さな輪が何千個もつながっただけである。

　高分子も同じである。小さくて単純な構造の単位分子が何個も共有結合でつながったものである。一般に高分子は**ポリマー**といわれる。"ポリ" はギリシャ語の数詞で "たくさん" の意味であり，ポリマーはたくさ

ポリマー：polymer

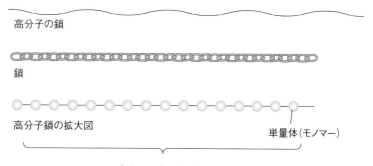

高分子の鎖

鎖

高分子鎖の拡大図　　　　　　　　　　　　　　　　　　　単量体(モノマー)

図11・1　高分子の構造　　　　　　　　　　高分子：多量体（ポリマー）

んの物，多量体という意味である。それに対して単位分子はモノマー，
単量体と呼ばれる（**図11・1**）。

11・1・2　高分子の種類

　高分子の種類は非常に多く，分類法も一様ではない。**図11・2**に示し
たのは，一般的な分類の一つである。

```
　　　　　　　　　　┌ 天然高分子：デンプン，セルロース，タンパク質，DNA
　　　　　　高分子 ┤　　　　　　　┌ ゴム　　　　　：ゴムヒモ
　　　　　　　　　　└ 合成高分子 ┤ 熱硬化性樹脂：食器，コンセント
　　　　　　　　　　　　　　　　　│　　　　　　　┌ 樹脂（プラスチック）
　　　　　　　　　　　　　　　　　└ 熱可塑性樹脂 ┤
　　　　　　　　　　　　　　　　　　　　　　　　　└ 繊維
```

図11・2　高分子の分類

A　天然高分子

　天然に存在する高分子では，デンプンやセルロースが代表である。遺
伝を司る核酸であるDNAやRNAも高分子である。

B　合成高分子

化学的に作り出した高分子を合成高分子という。

a　ゴム：引っ張ると伸びるゴムである。ゴムには天然のものもある。

b　熱硬化性樹脂：温めても軟らかくならない高分子である。そのた
　め，食器や電気のコンセント，家具の表面などに用いられる。

c　熱可塑性樹脂：温めると軟らかくなり，自由に成形できるもので，
　最も一般的な高分子である。ポリエチレン類，PET（ペット），ナイ
　ロンなどがある。熱可塑性樹脂は成形加工の違いによって，いわゆ
　る樹脂にすることもでき，また繊維にすることもできる。

高分子の分類法にはこのほか
に，日常用の汎用プラスチッ
クと工業用のエンジニアリン
グプラスチック（エンプラ）
に分けるものもある。エンプ
ラは高温に耐えるものであ
る。

11・2　ポリエチレンとその仲間

　高分子を分子構造の面から見ても多くの種類がある。その中で最も単

　　　　　純な構造でありながら，日常生活で非常に多く使用されているのが**ポリエチレン誘導体**である。

▌ 11・2・1　ポリエチレン

　　　　　ポリエチレンは"エチレンがたくさん（千個〜1万個）結合したもの"という意味である。エチレンの二重結合を構成する2本の結合のうち1本が解離して2本の価標になり，隣り合った単位分子がこの価標で結合していくのである（**図11・3**）。

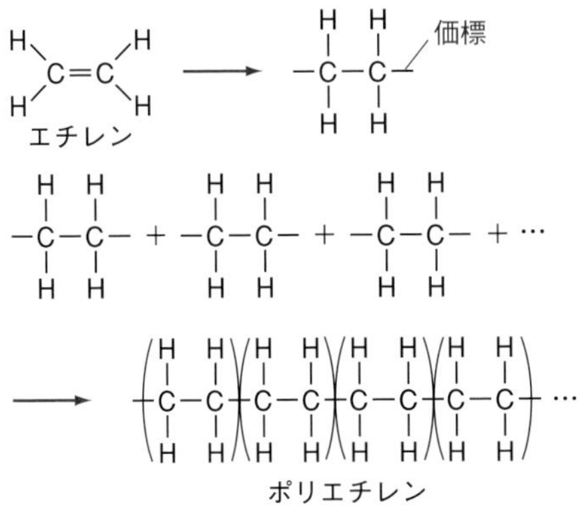

図11・3　ポリエチレン

▌ 11・2・2　ポリエチレンの仲間

ポリエチレン類は汎用プラスチックの代表的なものである。

　　　　　ポリエチレンの誘導体はたくさんある。主なものを見てみよう（**図11・4**）。

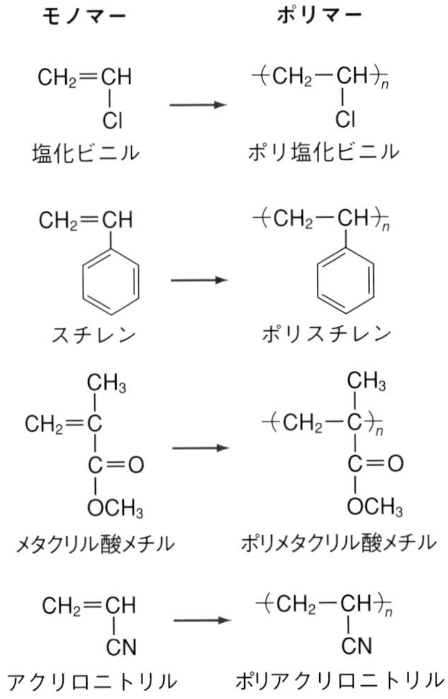

モノマー　　　　　　　ポリマー

図11・4　ポリエチレンの仲間

A　ポリ塩化ビニル：エチレンの水素の1個が塩素 Cl に置換した塩化
　　ビニルを単位分子とした高分子である。一般に塩ビと呼ばれ，各種
　　チューブ，シート，透明素材などに使用されている。

B　ポリスチレン：フェニル基を持つスチレンが重合したものである。
　　ポリスチレンの液体にガスを吹き込むと発泡ポリスチレンになる。こ
　　れは食品のトレー，梱包材，断熱材として利用される。

C　アクリル樹脂：メタクリル酸メチルを単位分子とするもので，アク
　　リル樹脂と呼ばれる。透明度が高いので有機ガラスとも呼ばれる。ア
　　クリル樹脂は接合が容易なので，建設現場で小さいブロックを接続し
　　て大きなブロックにすることができる。水族館の巨大水槽が可能に
　　なったのはアクリル樹脂のおかげである。

D　アクリル繊維：ニトリル基を持ったアクリロニトリルを単位分子と
　　するもので，アクリル樹脂とは異なる。繊維にすると軟らかく肌触り
　　がよいので，毛布やぬいぐるみに用いられる。

ポリ塩化ビニルのように塩素を含む化合物と有機物を低温で燃焼すると，有害物質のダイオキシン（3・3・2項）が生成する可能性がある。

11・2・3　可塑剤

　分子は一般に分子量が大きくなるにつれて気体，液体，固体となる。
したがってポリエチレンのように分子量が数万 ～ 数十万に達するもの
は一般に硬い固体である。しかし，ポリ塩化ビニルの製品にはチューブ
やシートのように軟らかいものもある。これはポリ塩化ビニルに可塑剤
が混ぜてあるからである（図 11・5）。可塑剤の量は，多い場合にはポリ
塩化ビニルの重量以上のものが加えられることもある。

かつて輸血の血液輸送チューブにポリ塩化ビニルを用いていたころ，輸血された患者がショックを起こすことがあった。これは可塑剤が血液中に溶け出したせいであった。

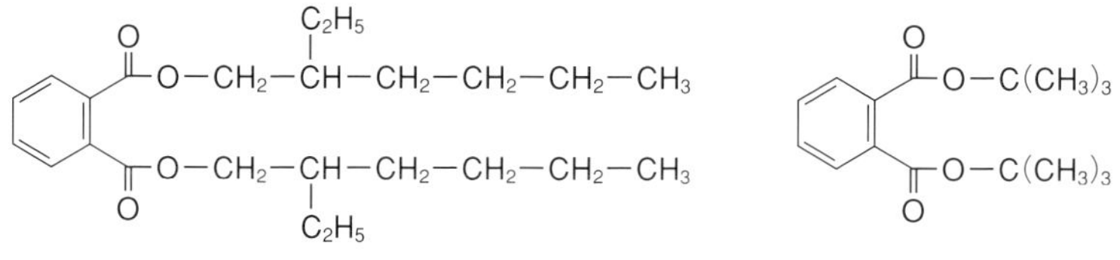

図 11・5　可塑剤の例

11・3　ナイロン・PET とその仲間

ナイロンは繊維，PET はペットボトルとしてなじみのものである。

11・3・1　ナイロン

　ナイロンは 1938 年米国のデュポン社が開発したものであり，市場に
出したときのキャッチフレーズである「くもの糸より細く，鋼鉄より強

ナイロン，PET はエンプラの典型的なものである。

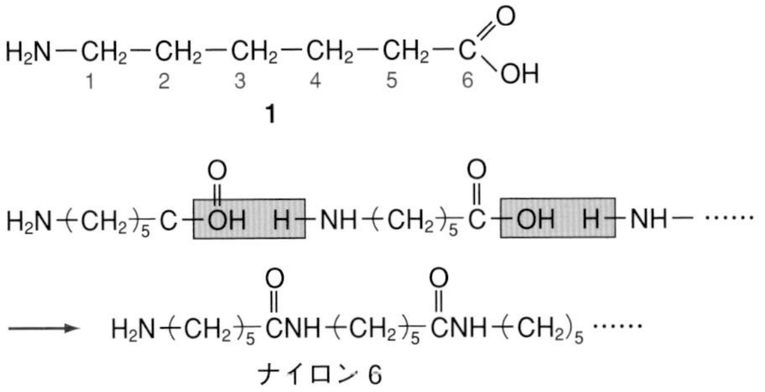

図11・6　ナイロン6の構造

● 発展学習 ●
ナイロン6,6の構造を調べて
みよう。

い」はナイロンと同じように有名になった。ナイロンにはナイロン6と
ナイロン6,6の2種類があるが，ここではナイロン6を見てみよう。

　ナイロン6を構成する単位分子は**図11・6**の1である。1は炭素6個
からなるが，これがナイロン6の名前の元になっている。1は分子の両
端にアミノ基 −NH₂ とカルボキシ基 −COOH を持っている。したがっ
て2個の分子の間でアミノ基とカルボキシ基がアミド結合を結べば，
10・4・1項で見たように多くの1がアミド結合によってつながって長い
高分子を形成することが可能となる。

　このようにしてできたのがナイロンである。ナイロンはストッキン
グ，魚網，ベルトコンベアーなど，あらゆる分野で活躍している。

11・3・2　PET

　PET（ペット）は polyethylene terephthalate の略である。この高分
子は2個の単位分子が交互に結合してできている。1個はテレフタル酸
というカルボン酸であり，もう1個はエチレングリコールというアル
コールである。

　この2種の分子がエステル結合するとポリエステルである PET とな
る（**図11・7**）。PET は，ペットボトルなどの原料である合成樹脂として
扱われるときにはペットと呼ばれ，合成繊維として扱われるときにはポ

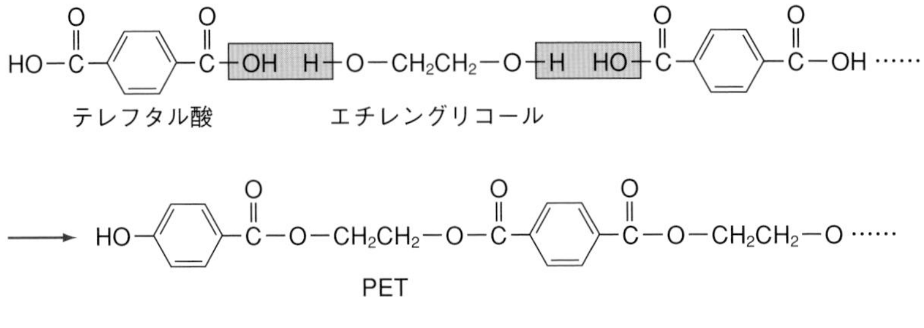

図11・7　PET（ポリエチレンテレフタラート）

リエステル（繊維）と呼ばれることが多いようである。

11・4　ゴム・プラスチック・合成繊維

高分子はゴム，プラスチック，合成繊維に分類することもできる。

11・4・1　ゴ　ム

　図11・8は代表的なゴムであるイソプレンゴムの分子構造である。イ
ソプレンゴムは，二重結合を2個持ったイソプレンという分子が結合し
たものである。ゴムは引っ張れば伸び，力を抜くと元に戻る。この性質
にはゴム分子の形が影響している。すなわち，ゴム分子は毛糸のように
丸まっている。そのため，引っ張ると分子の玉が解けて長くなり，力が
取り去られるとまたもとの玉に戻って短くなるのである。

●発展学習●
ブナゴム，SBR（ゴム），クロ
ロプレンゴムの構造を調べて
みよう。

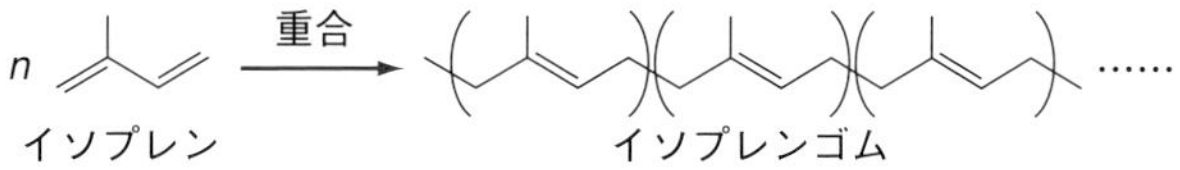

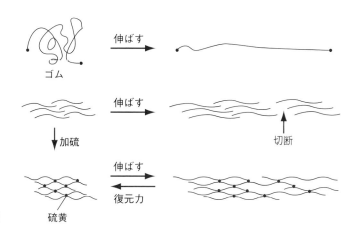

図11・8　イソプレンゴム

　しかし，イソプレンゴムそのものを引っ張るとどこまでも長くなり，
ついには切れてしまう。すなわち，復元力がないのである。これはゴム
の分子が互いにズレてしまうことに原因がある。このようなゴムに硫黄
を加えると，硫黄がゴム分子をまるで橋を架けたように結合する（架橋
構造）。そのため，ゴム分子はある程度以上はズレることがなくなり，復
元力を持つことになる。このような操作を加硫という（図11・9）。

食用のガムがこのようなもの
である。

図11・9　ゴムの復元力と加硫

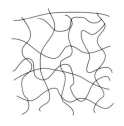

図 11・10　プラスチック
　　の構造

11・4・2　プラスチック（合成樹脂）

　一般にプラスチックは固形であり，加熱すると軟らかくなって変形可能となる。プラスチックは長い分子鎖が互いにもつれ合っている（図11・10）。そのため，加熱すると分子運動が激しくなって流動的となり，変形する。

11・4・3　合 成 繊 維

　合成繊維は，分子構造からいうとプラスチックと同じものである。しかし，ポリエチレン，ナイロン，ポリエステルなどのプラスチックが繊維になると，加熱しても軟らかくならず，引っ張っても伸びず，硬さも増す。これはなぜだろうか。

　プラスチックと繊維では，高分子同士の分子間の関係が異なるのである。プラスチックでは分子は図11・10のように互いにもつれ合っているが，繊維では分子は互いに方向をそろえ，整然と並んでいる。これを高分子の結晶状態という（図11・11）。結晶状態では加熱しても分子運動は抑制され，分子間にほかの物質が入ることが困難になるので耐薬品性も増す。

● 発展学習 ●
導電性樹脂，形成記憶樹脂などを一般に機能性樹脂という。機能性樹脂の種類とその機能を調べてみよう。

　結晶状態にするためには高分子を引っ張ればよい。繊維を作るためには高分子の液体を細いノズルから押し出し，それを高速回転するドラムで巻き取る（図11・12）。このようにすると高分子の集団は一方向に引っ張られ，整列させられて結晶状態となる。

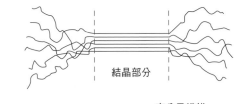

結晶部分

図 11・11　合成繊維の結晶状態

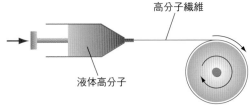

高分子繊維

液体高分子

高速回転　　図 11・12　高分子繊維の作り方

11・5　高温でも硬い高分子

　前節で高分子は温めると軟らかくなるといったが，実は温めても軟らかくならないプラスチックがある。お椀に代表される食器である。味噌

汁を入れたらグニャッとなるお椀では怖くて使えない。

■ 11・5・1　熱硬化性樹脂

　加熱しても軟らかくならず，それでも加熱を続けると焦げて燃えてしまう高分子を**熱硬化性樹脂**という。フェノール樹脂，尿素樹脂（ウレア樹脂），メラミン樹脂などである。熱硬化性樹脂は食器，コンセント，家具の表面などに広く用いられている。

　熱可塑性樹脂は加熱して軟らかくなったところで成形すればよいが，熱硬化性樹脂の成形はどうするのだろうか。一般には，重合度の小さい，いわば高分子の赤ちゃんを用いる。この状態では熱硬化性樹脂もまだ熱硬化性になりきっておらず，加熱すると軟らかくなる。この状態で成形し，そのまま加熱を続けると重合反応が進行し，熱硬化性樹脂が完成する。このように製造の過程を見ると，加熱することによって硬化しているので熱硬化性樹脂というのである（図 11・13）。

原料 ──一部反応→ 熱硬化性樹脂の赤ちゃん（まだ軟らかい） ──型に入れて加熱／反応進行→ 成形された熱硬化性樹脂の製品

図 11・13　熱硬化性樹脂の作り方

■ 11・5・2　合　成　法

　図 11・14 にフェノール樹脂の合成径路を示した。原料は芳香族であるフェノールとホルムアルデヒド CH_2O である。ホルムアルデヒドの

ホルムアルデヒドの 30 % ほどの濃度の水溶液がホルマリンである。ホルマリンは防腐作用と共にタンパク質を硬化する作用があるので，動物標本の作製などに用いられる。

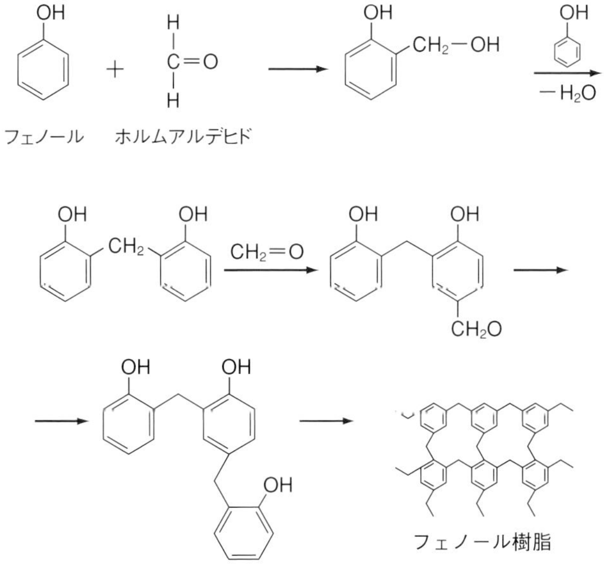

フェノール　ホルムアルデヒド

図 11・14　フェノール樹脂の合成径路

フェノール樹脂

CH₂部分がフェノール分子をつなぐ連結材の役割を果たしている。分子は鎖状ではなく，三次元にわたって網目状に広がる。このような構造のため，加熱しても流動的になることなく，硬い状態を維持し続けるのである。

　反応が終了するとホルムアルデヒドは消失する。しかし，極めて少量のホルムアルデヒドが未反応のまま残り，それが時間をかけて製品から染み出す。このようなホルムアルデヒドがシックハウス症候群の原因の一つと指摘されている。

●この章で学んだこと

□ **1**　高分子は小さな単位分子がたくさん共有結合したものである。

□ **2**　セルロース，タンパク質などは天然に存在する高分子である。

□ **3**　熱可塑性樹脂は加熱すると軟らかくなる普通のプラスチックである。

□ **4**　熱硬化性樹脂は加熱しても軟らかくならないので食器などに用いられる。

□ **5**　ポリエチレンの仲間にはポリ塩化ビニル，ポリスチレン，アクリル樹脂などがある。

□ **6**　ナイロンはアミド結合からなる高分子である。

□ **7**　PET などのポリエステルはエステル結合からなる高分子である。

□ **8**　ゴムの分子は丸まっており，引っ張られると解けて長くなる。

□ **9**　合成繊維はプラスチックの高分子が束ねられて結晶状になったものである。

□ **10**　熱硬化性樹脂の原料に使われるホルムアルデヒドは，シックハウス症候群の原因物質の一つである。

●演習問題●

11.1　タンパク質が天然高分子だといわれるのはなぜか。

11.2　熱硬化性樹脂か熱可塑性樹脂かを調べるにはどうすればよいか。

11.3　樹脂は家庭ではどのようなところに使われているか調べよ。

11.4　ゴムは家庭ではどのようなところに使われているか調べよ。

11.5　エチレン1万個が結合してできたポリエチレンの分子量はいくらか。

11.6　スチレンが4個結合した分子の構造を書け。

11.7　ナイロンの単位分子が4個結合した分子の構造を書け。

11.8　フタル酸とエチレングリコールが3分子ずつ結合した PET の部分構造を書け。

11.9　イソプレンが5個結合したゴムの部分構造を書け。

11.10　熱硬化性樹脂を高温に加熱したらどうなるか。

生命と化学反応

●本章で学ぶこと●●●

　生命は化学反応の連続である。動物はデンプンやタンパク質，脂質などの食料と，酸素を原料にした化学反応で発生したエネルギーを使って体を作り，活動する。

　生命体は細胞を持っているが，その細胞を仕切るのは細胞膜である。細胞膜はリン脂質といわれる分子がたくさん集合してできた膜であり，分子膜といわれる。細胞の中は化学工場のようなものであり，多くの種類の複雑な化学反応が行われるが，それを支配するのは酵素を代表としたタンパク質である。

　生命体の特徴は自己増殖と生殖であるが，それを支配するのが核酸の DNA と RNA である。本章ではこのようなことを見ていこう。

12・1　細胞と細胞膜

　生命体は細胞からできている。細胞は細胞膜によって仕切られた小箱である。小箱の中では複雑な化学反応が行われる。

12・1・1　細 胞

　図 12・1 は細胞の模式図である。細胞は，細胞膜によって囲まれた箱であり，中には核やミトコンドリアなどの細胞小器官がある。

　細胞は細胞分裂によって増殖するが，細胞分裂する時期の核には染色体が現れる。1 個の染色体の中には**核酸の DNA** が 1 分子だけ入っている。そして，細胞分裂に伴って**染色体**，すなわち DNA も増殖して，それぞれの分裂細胞の中に入っていく。

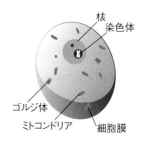

図 12・1　細胞の模式図
（動物細胞）

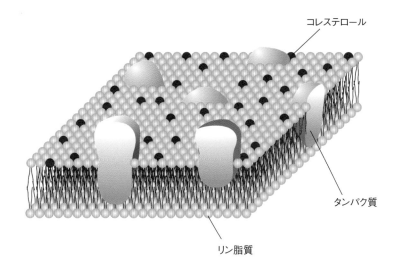

コレステロール

タンパク質

リン脂質

図 12・2　細胞膜の模式図

生物であることの条件は，
① 自分で養分を調達できる，
② 核酸を用いて増殖できる，
③ 細胞膜を持っている，
の三条件を全て満たすことである。細胞膜が生物にとっていかに重要であるかがわかる。ウイルスは ① と ③ の条件を満たさないので生物とは認められていない。

タンパク質などと分子膜構成分子の間には分子間力が働いている。

12・1・2　細　胞　膜

　4・3 節で見たように，細胞膜は分子膜の一種である。細胞膜となる分子膜はリン脂質（図 12・7 参照）といわれる分子からできている。

　リン脂質は互いに分子間力によって引き合い分子膜を作る。2 枚の分子膜が重なったものを二分子膜という（4・3・3 項）。細胞膜は 2 枚のリン脂質分子膜が重なったものなのである。

　図 12・2 は細胞膜の模式図である。基本的な部分は二分子膜であるがそれだけではない。タンパク質やコレステロールなど種々の物質が挟まれている。これらは決して分子膜に "結合" しているのではない。いわば分子膜の海に漂って自由に動きまわっているのである。細胞膜は常に動き，変化しているのである。

12・2　タンパク質の構造と働き

　生体を形作る主なものに**タンパク質**，**糖**，**脂質**がある。タンパク質は筋肉を形作るだけでなく，酵素として生体反応を支配する。

12・2・1　タンパク質の平面構造

　タンパク質 はアミノ酸が結合したものである。アミノ酸には 10・4・2 項で見たように D 体と L 体の鏡像異性体がある。自然界に存在するのはほとんど全てが L 体であるが，その理由は不明である。

　タンパク質を構成するアミノ酸は 20 種である。20 種のアミノ酸が 100 個ほど**ペプチド結合**でつながったポリペプチドがタンパク質になる。どの種類のアミノ酸がどのような順番でつながっているかはタンパ

タンパク質はポリペプチドの部分群である。

ポリペプチド

タンパク質
（ポリペプチドの
部分集合）

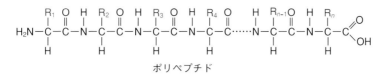

図12・3　タンパク質の平面構造

ク質の構造に関する重要な情報であり，これをタンパク質の**平面構造**という（一次構造ともいう）（**図12・3**）。

12・2・2　タンパク質の立体構造

ポリペプチドのうち，特有の**立体構造**をとり（高次構造ともいう），特有の機能を持ったものだけをタンパク質という。

タンパク質の立体構造はαヘリックスと呼ばれるらせん構造と，βシートと呼ばれる平面構造を基本としている。この二つの基本的な部分と，それをつなぐ部分（ランダムコイル）とによってできたものがタンパク質である（**図12・4**）。

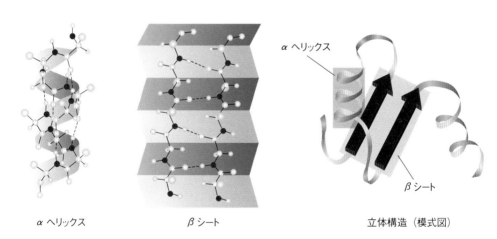

α ヘリックス　　　　　　β シート　　　　　　立体構造（模式図）

図12・4　タンパク質の立体構造

12・2・3　タンパク質の働き

タンパク質の大切な働きに酵素としての作用がある。酵素は生体で働く触媒である。酵素Eは出発物質（基質）Aと特異的に反応し，会合体

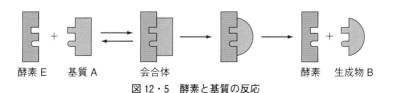

酵素E　　基質A　　会合体　　　　　酵素　生成物B
図12・5　酵素と基質の反応

を作る。この会合体の状態で基質 A が変化して B になる。この状態で酵素は B から外れていく。残るのは生成物の B である。酵素はまた別の A と反応を繰り返すことになる（**図 12・5**）。

　酵素と基質の会合体は，6・2・3 項で見た，触媒反応の遷移状態に相当するものであり，活性化エネルギーを低下させて反応を進行しやすくする働きをする。

　このような酵素の働きがあるから，生体は低い温度と温和な条件で各種化学反応を行い，生命を維持することができるのである。

12・3　脂　質

　脂質は細胞膜構成成分の材料であり，油脂，ホルモン，ビタミンなどがある。

12・3・1　油　脂

油脂のうち常温で固体のものを脂肪，液体のものを脂肪油ということが多いが，分類は明確ではない。

　油脂は摂取されて加水分解されると**グリセリン**と**脂肪酸**になる。したがってどのような種類の油脂を摂ろうと，必ずグリセリンが入っている。油脂によって違うのは脂肪酸の部分である（**図 12・6**）。

$$
\begin{array}{l}
CH_2-O-CO-R^1 \\
CH-O-CO-R^2 \\
CH_2-O-CO-R^3
\end{array}
\xrightarrow{H_2O}
\begin{array}{l}
CH_2-OH \\
CH-OH \\
CH_2-OH
\end{array}
+
\left\{
\begin{array}{l}
R^1-CO_2H \\
R^2-CO_2H \\
R^3-CO_2H
\end{array}
\right.
$$

油脂　　　　　　　グリセリン　　脂肪酸　　　　**図 12・6　グリセリンと脂肪酸**

● 発展学習 ●
EPA, DHA は不飽和高級脂肪酸である。その構造を調べてみよう。

　脂肪酸には多くの種類があるが，炭素鎖部分が単結合だけでできたものを飽和脂肪酸，二重結合や三重結合の不飽和結合を含むものを不飽和脂肪酸という。一般に獣脂は飽和脂肪酸が多く，魚油や植物油は不飽和脂肪酸が多い。

　グリセリンに 2 個の脂肪酸とリン酸がエステル結合したものをリン脂質という。この分子の親水性部分はエステル部分であり，疎水性部分は脂肪酸のアルキル基部分である。親水性部分を ○ で表し，疎水性部分を折れ線で表すと，○ から 2 本の折れ線がでた**図 12・7**のような図となる。

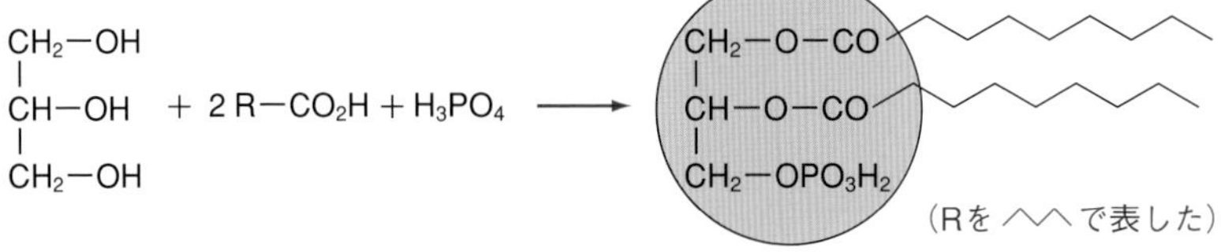

$$
\begin{array}{l}
CH_2-OH \\
CH-OH \\
CH_2-OH
\end{array}
+ 2\,R-CO_2H + H_3PO_4 \longrightarrow
$$

CH₂−O−CO
CH−O−CO
CH₂−OPO₃H₂

（R を 〰 で表した）

図 12・7　リン脂質

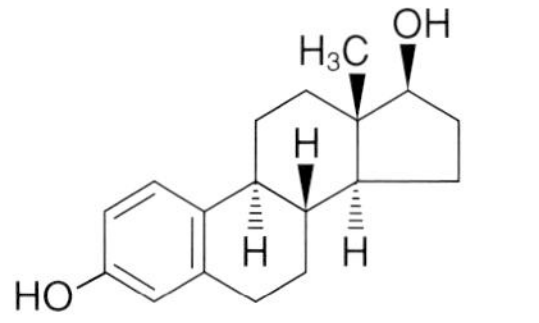

エストラジオール（女性ホルモン） 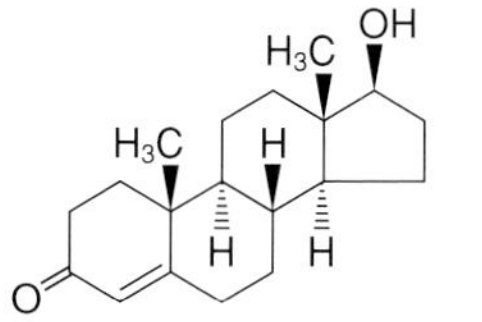　　テストステロン（男性ホルモン）

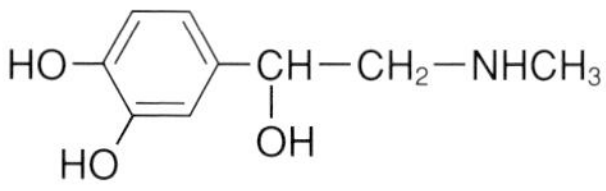

アドレナリン（副腎皮質ホルモン） 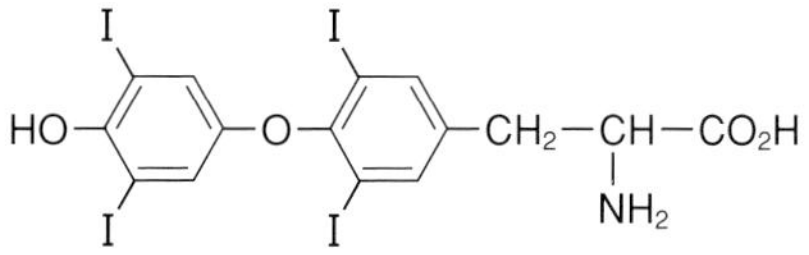　　チロキシン（甲状腺ホルモン）

図 12・8　性ホルモンと成長ホルモン

12・3・2　ホルモン

生体の働きを微調整する多くの物質が知られている。そのうち，人間が自分で作ることのできる物質を**ホルモン**といい，食物として外部から取り入れなければならない物質を**ビタミン**という。

ホルモンには多くの種類があるが，生殖器官によって分泌され，動物の性的特徴発現の原因となる性ホルモンや，膵臓が分泌するインシュリン，脳下垂体が分泌する成長ホルモンなどが知られている（**図 12・8**）。

● **発展学習** ●
局所ホルモン（オータコイド）の働きを調べてみよう。

12・3・3　ビタミン

ビタミンには水に溶けない脂溶性のビタミン A，D，E などと，水に

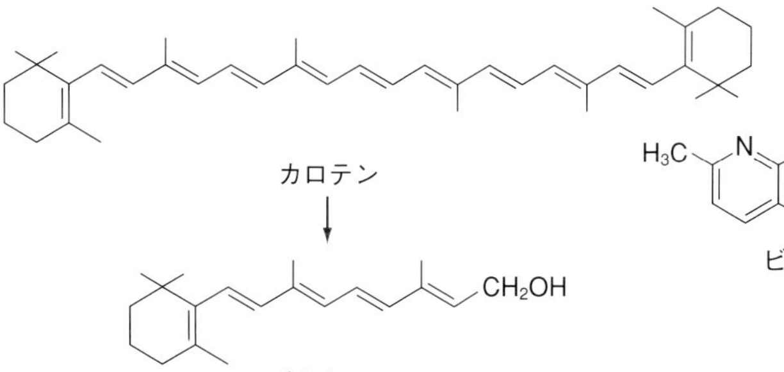

カロテン

ビタミン A

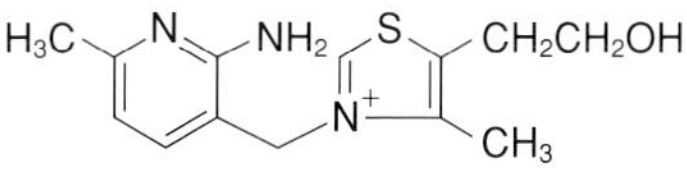

ビタミン B₁

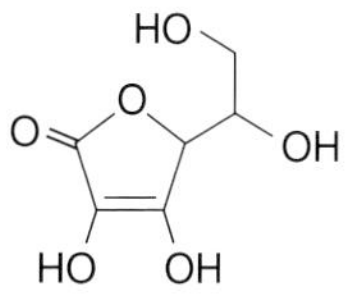

ビタミン C

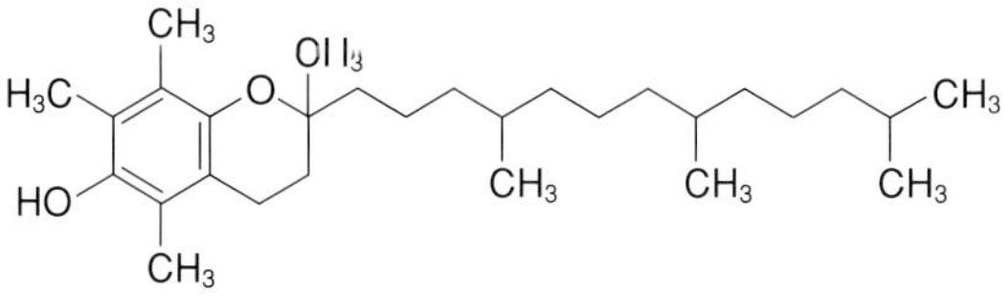

ビタミン E

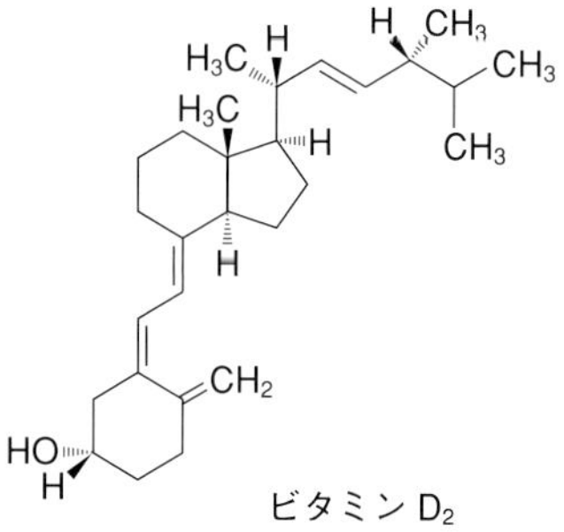

ビタミン D₂

図 12・9　さまざまなビタミン

117

溶ける水溶性のビタミン B，C などがある（図 12・9）。水溶性のビタミン B，C などは脂質ではないが，ここで一緒に説明する。

A　脂溶性ビタミン：ビタミン A は，ニンジンなどの色素であるカロテンが酸化切断して生じる。ビタミン A が欠乏すると夜盲症になる。また，ビタミン D が欠乏すると骨の成長が阻害され，ビタミン E が欠乏すると妊娠に影響するといわれている。

B　水溶性ビタミン：ビタミン B は糖の分解を促進し，不足すると脚気_{かっけ}になる。脚気は明治以前の日本に多発した病気であり，四肢のむくみが現れ，やがて心不全で落命する病気である。

ビタミン C は果実や魚の内臓などに含まれる。欠乏すると壊血病になり，歯茎などから出血する。

ビタミンが足りないとビタミン欠乏症になるが，反対に多すぎるとビタミン過剰症になる。水溶性ビタミンは摂りすぎても尿として排泄されるが，脂溶性ビタミンは排泄されにくいので注意が必要である。

12・4　遺伝と DNA

遺伝を司るのは核酸であり，核酸には DNA と RNA がある。

12・4・1　DNA

◉ 発展学習 ◉
DNA の分子構造を調べてみよう。

DNA は 2 本の DNA 分子が縒_より合わさった二重らせん構造をとる（図 12・10）。

DNA
DNA
DNAの二重らせん構造　　　　図 12・10　DNA

DNA は高分子の一種であり，4 種類の単位分子から構成される。それらは，A，T，G，C の記号で表され，固有の順序で並んでいる。アルファベットが 26 文字で文章を作り，コンピューターが 2 文字で情報を伝えるように，DNA は 4 種の単位分子の結合順序で遺伝情報を伝える（図 12・11）。

A ＝アデニン，T ＝チミン，G ＝グアニン，C ＝シトニン

◉ 発展学習 ◉
DNA の分裂と複製について調べてみよう。

1本のDNA：T-A-G-G-A-C-A-T-T-C-C-A-T-G-T-C-C……
4種の単位分子 A, T, G, C で情報伝達　　　　図 12・11　DNA の遺伝情報

12・4・2　RNA

細胞分裂に伴って母細胞から娘細胞に移った DNA が行うことは，RNA の作製である。DNA を構成する 4 種の単位分子の連続は，全ての部分が必要な情報を担っているわけではない。不必要な部分もある。必

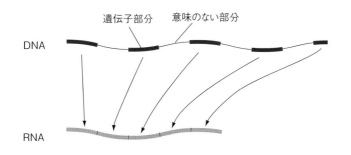

遺伝子部分　意味のない部分

DNA

RNA

RNA 拡大図　A-C-G-U-U-A-G-G-C-U-A-A·········
アミノ酸①　アミノ酸②　アミノ酸③　アミノ酸④

図 12・12　DNA から RNA への遺伝情報の伝達

要な部分を遺伝子という。

　RNA は DNA の遺伝子部分だけをつなぎ合わせたものである。DNA と異なり，RNA は 1 本の鎖状高分子である。RNA を構成するのも 4 種の単位分子であるが，DNA とは少し異なり A，U，G，C である（**図 12・12**）。　U＝ウラシル

12・4・3　タンパク質合成

　RNA の役割はタンパク質合成である。RNA は 4 種の単位分子のうち 3 個を使ったコードで特定のアミノ酸を指定する。すなわちアミノ酸は RNA のコードで指定された順序で並び，RNA に指定された平面構造を持つタンパク質ができることになる。

12・4・4　遺伝情報の発現

　DNA は母細胞の情報（遺伝子）を娘細胞に運搬し，遺伝子を基にして RNA が作られる。RNA はタンパク質の設計図である。すなわち，遺伝を司る核酸の役割はタンパク質を作ることなのである（**図 12・13**）。

　ここから先の作業はタンパク質の仕事である。すなわち，タンパク質が酵素作用を中心として生体内化学反応を制御し，その結果，遺伝情報が具現化するのである。遺伝は核酸だけが行うのではなく，まして DNA だけが行うのでもない。遺伝は核酸を司令官として働く多くの種類のタンパク質によって行われる壮大な化学反応の集大成なのである。

図 12・13　遺伝情報の発現

12・5　細胞の老化と死

　細胞は細胞分裂を繰り返して増殖する。細胞分裂によって生じる細胞は元の細胞と同じものである。

12・5・1　細胞の寿命

　ということは，細胞は分裂を繰り返すごとに元に戻る，つまり永遠に若返り続ける不死の存在となりそうなものであるが，実はそうではない。細胞には分裂できる回数に制限がある。

　その制限を行うのが**テロメア**である。テロメアは DNA の末端に付いた単位分子の連続部分であり，TTAGGG という 6 個の塩基配列が延々と反復する部分である。DNA は分裂複製を行うときに，最末端の単位分子を複製しない。つまり，分裂複製を繰り返すたびにテロメア部分が短くなり，ある程度短くなるとそれ以上分裂を行わなくなる。これが細胞の老化であり，寿命と考えられている。

12・5・2　細胞の死

　細胞の死には二種類ある。予定された死と予期せぬ死である。

　胚が成長して手ができるときにはまず，団扇（うちわ）のようなものができ，そこから指の股に当たる部分の細胞が死滅する（**図 12・14**）。これが予定された死であり，**アポトーシス**と呼ばれる。アポトーシスを起こす細胞では DNA は自切して短い断片となり，それに伴って細胞は細かな破片になり，周囲に害を与えることなく消滅する。

　それに対して，外部からの破壊など予知できない原因によって起こる死が**ネクローシス**である。この場合には細胞の内容物が周囲に散らばり，それによって周囲の細胞もネクローシスを起こし，結果的に組織にダメージを与えることになる。

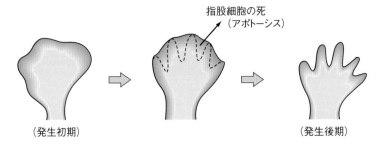

指股細胞の死
（アポトーシス）

（発生初期）　　　　　　　　　　　　　　　　　　（発生後期）

図 12・14　アポトーシス

12・6　薬　剤

人類を病気と怪我の苦しみから解放してくれたものが薬剤である。

A　抗生物質

薬剤の歴史は長いが，20 世紀なって現れた画期的な薬剤がペニシリンやストレプトマイシンなどの抗生物質である（**図 12・15**）。抗生物質は微生物（細菌）が分泌する物質で，ほかの微生物の生存を阻害するものである。

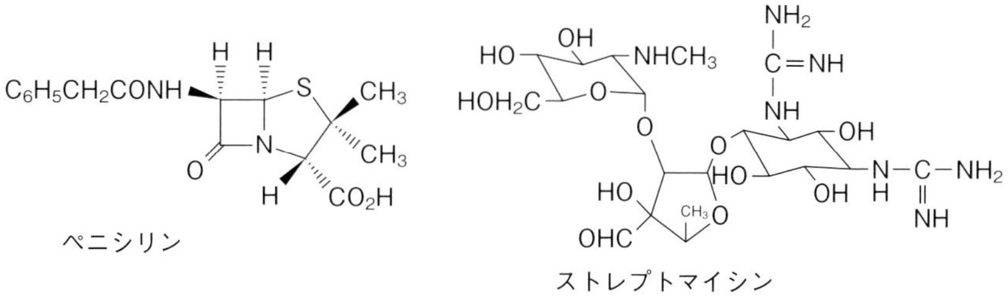

ペニシリン

ストレプトマイシン

図 12・15　抗生物質の構造

微生物の細胞は植物細胞と同じように，細胞膜の外側にセルロースでできた硬い細胞壁を持っている。抗生物質はこの細胞壁を溶かし去ることによって微生物を攻撃する。したがって，生物でなく，細胞膜も細胞壁ももたないウイルスには無力である。

B　ワクチン

生物には外敵から身を護るシステムが備わっている。それが**免疫**機構である。外敵となるタンパク質などの**抗原**が体内に入ると免疫細胞が**抗体**を作って抗原を攻撃する。抗体は各抗原に固有のタンパク質であり，生体は新しい抗原に対して抗体を作るのに 1～2 週間ほどの期間を必要とする。しかし一度抗体を作るとその構造を覚えており，2 回目からは迅速に抗体を作って対抗する。

ワクチンは抗原に相当するものであり，抗原（細菌，ウイルスなど）を弱らせたもの（生ワクチン）であったり，死骸（不活化ワクチン）であったり，細菌の分泌する毒素（トキソイド）を弱毒化したものなどである。ワクチンを接種すると体内に抗体ができ，本物の抗原（病源体）が侵入するとただちに抗体を作って抗原に対抗できることになる。

C　テーラーメード薬剤

　病気になった場合，用いる薬剤は一種ではない。何種類かの薬剤を適当な割合で混ぜて服用する。この場合に，どの薬剤をどの割合で服用するかが問題である。苦しんでいる病人に試すのは危険である。

　そこで，遺伝子，体質などを，DNA やクローン臓器などを用いて検査し，各患者に最もふさわしい調合を行おうというのがテーラーメード薬剤の考え方である。テーラーとはオーダーメード洋服の仕立て師の意味である。

●この章で学んだこと

□ **1**　生命体は細胞からできており，細胞は化学工場である。

□ **2**　細胞膜は二分子膜からできている。

□ **3**　タンパク質は 20 種の L-アミノ酸からできている。

□ **4**　酵素はタンパク質であり，反応の活性化エネルギーを下げる触媒として働く。

□ **5**　油脂はグリセリンと脂肪酸からできている。

□ **6**　油脂は細胞膜の原料となる。

□ **7**　生体の反応を調整する微量物質で，人間が自分で作れるものをホルモン，作れないものをビタミンという。

□ **8**　ビタミンには脂溶性のものと水溶性のものがある。

□ **9**　核酸 DNA と RNA は遺伝を支配する。

□ **10**　DNA は世代間の遺伝を支配し，RNA は遺伝情報を発現させタンパク質が作られる。

● 演 習 問 題 ●

12.1　細胞膜を作る分子間力にはどのようなものがあるか。

12.2　アミノ酸の D 体，L 体の立体構造を書け。

12.3　3 個のアミノ酸が結合したタンパク質の部分構造を書け。

12.4　アミノ酸の分子量を平均 150 とすると，アミノ酸 100 個からできるタンパク質の分子量はいくらになるか。

12.5　酵素は化学反応においてどのような役割を行うか。

12.6　飽和脂肪酸，不飽和脂肪酸とはどのようなものか。

12.7　ホルモンとビタミンの違いは何か。

12.8　DNA，RNA が高分子といわれるのはなぜか。

12.9　遺伝子とは何か。

12.10　RNA と DNA の関係，および RNA の役割について説明せよ。

タンパク質の構造

タンパク質はアミノ酸を単位分子とする天然高分子である。アミノ酸の種類はいくらでもあり得るが，人間の場合，タンパク質を構成するアミノ酸はわずか20種類に限られる。

この20種類のアミノ酸がどのような順序で何個結合するかがタンパク質の構造の最重要部分であり，これをタンパク質の**平面構造**あるいは**一次構造**という。しかしアミノ酸が結合しただけではタンパク質とは呼ばれない。それはポリペプチドという分子に過ぎない。ポリペプチドがタンパク質になるためには特有の**立体構造**を手に入れなければならない。

立体構造には二つの単位構造がある。それが α ヘリックスと β シートであり，これを合わせてタンパク質の**二次構造**という。そしてこの二種の単位立体構造が適当な種類，適当な個数だけランダムコイルでつながった構造をタンパク質の**三次構造**という。この二次構造と三次構造をタンパク質の**立体構造**という。

タンパク質の構造はそれだけでは終わらない。血液中にある酸素運搬タンパク質であるヘモグロビンは，よく似た構造のタンパク質 α，β がそれぞれ2個ずつ，計4個が組み合わさってできている。この組み合わさり方には互いに特有の位置と方向がある。このようなタンパク質集合体としての構造をタンパク質の**四次構造**という。

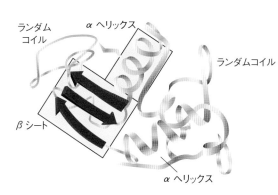

ランダムコイル
α ヘリックス
ランダムコイル
β シート
α ヘリックス

タンパク質の立体構造

β_2
β_1
α_2
α_1
ヘム

ヘモグロビンの構造

環境と化学物質

●本章で学ぶこと

　私たちが生活する場を環境という。環境は物質によって構成される。化学は物質を扱う学問であり，環境問題は化学の重要な課題である。

　環境を構成する物質で重要なことは，一箇所に留まらず循環することである。すなわち，ある場所で生じた化学物質は環境中を循環し，環境全てに蔓延し，最終的に私たちの体内に入り，健康に影響を及ぼす。このような問題の原因の一つがエネルギーの大量消費である。

　膨大なエネルギーの消費の上に成り立つ現代文明は，そのエネルギーの主要部分を化石燃料の燃焼に負っている。その結果生じた二酸化炭素は地球温暖化の原因になり，SOx, NOx は酸性雨をもたらす。このような問題を考え，解決するのは化学に課せられた大きな課題である。

　本章ではこのようなことを見ていこう。

13・1　環境と化学

　私たちを取り巻く空間を**環境**という。狭く考えれば室内が環境になるし，広く考えれば宇宙全体が環境になる。

13・1・1　環境の範囲

　私たちは宇宙の果てに行くことも地球の中心に行くこともできない。私たちが生活するためには大気が必要であり，高度 10 km 足らずのエベレスト頂上に住むことは困難である。潜水艇を使えば海底に行くことはできるが，最も深いところでも 10 km ほどである。すなわち，私たちが活動できる場は地球の表面を覆う厚さ 20 km ほどの空間に過ぎない。

　地球の半径は 6500 km である。20/6500 は 0.02/6.5 である。これは，地球を半径 6.5 cm の円とすると，私たちが住む空間は太さ 0.2 mm，す

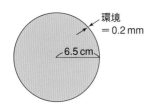

環境
= 0.2 mm
6.5 cm

図 13・1　地球の大きさと環境の範囲

なわち，円を表す線の太さほどもないことになる（**図 13・1**）。環境がい
かに狭く，それだけにいかに汚れやすいかを端的に表すデータである。

13・1・2　環境を作るもの

　私たちが住む大地は地殻と呼ばれる。地殻を構成する元素のうちで多
いものは 酸素 ＞ ケイ素 ＞ アルミニウム ＞ 鉄 であり，私たちはこれ
らの元素を利用して生活している（**図 13・2**）。

　大気の主成分は酸素（約 20 %）と窒素（約 80 %）で，高度が上がる
と大気の濃度は小さくなる。そして高度 50 km ほどの成層圏にはオゾ
ン濃度の高いオゾン層がある。温度も変化するがその様子は**図 13・3**
に示したとおりである。

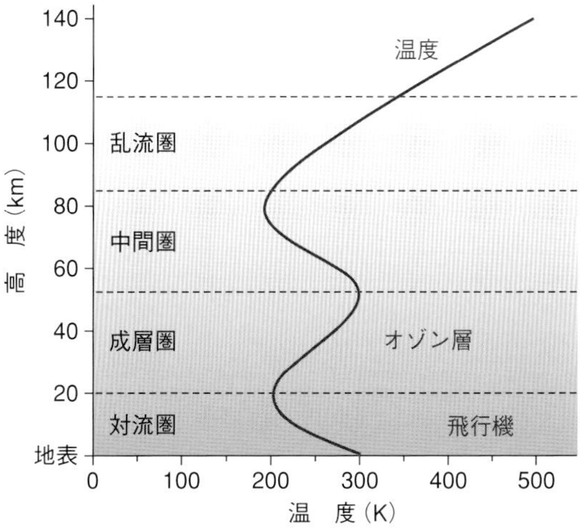

地殻に酸素が多いのは，ほか
の元素が酸素と結合して酸化
物になっているからである。

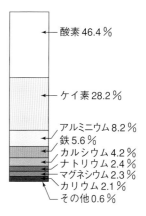

図 13・2　地殻を構成する
　　　　 元素の割合

図 13・3　大気の構造
　　　　 と温度

13・1・3　物 質 の 循 環

　風が吹き，川が流れるように，環境の物質は循環する。海水は蒸発し

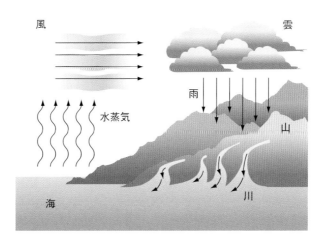

図 13・4　物質の循環

て大気に混じり，凝縮されて雲になり，風に乗って内陸に達する。冷却されて雨になり，大気を洗いながら山に降り，地表を洗って川に達し，大地の養分を溶かして海に達する（**図13・4**）。

このように環境の物質は常に循環する。環境における全ての変化は巡り巡って私たちに影響を及ぼすのである。

13・2　健康と化学物質

環境に含まれる**化学物質**は私たちの健康に大きな影響を持つ。

13・2・1　大気と化学物質

● 発展学習 ●
空気の成分を微量元素まで含めて調べてみよう。

大気の主成分は窒素と酸素である。しかし，そのほかにも多くの微量成分を含む。

二酸化炭素，SOx（硫黄酸化物），NOx（窒素酸化物）は主に化石燃料に基づくものであり，浮遊微粒子は自動車に基づくものである。フロンは天然にはないものであり，人間が人工的に作り出したものである（**図13・5**）。

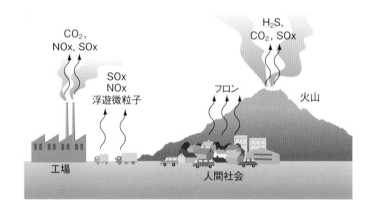

図13・5　大気と化学物質

13・2・2　水と化学物質

水は環境の汚れを洗い流してくれる。水が最終的に辿り着く場所は海であり，そのため，海には産業活動で産み出した種々の物質が流入する。

かつて殺虫剤として大量に使用されたDDTを見てみよう。現在DDTは製造も使用もされていない。しかしDDTは分解されにくい物質なので環境中に留まり続け，最後は海水中に蓄えられる。海水は膨大な量があるので，DDTの濃度は問題にならないほどに希薄である。

しかし，環境にはDDTを濃縮するシステムがある。**表13・1**は生物に含まれるDDTおよびPCBの濃度である。生物が食べることによっ

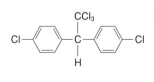

DDT

表 13・1　生物に含まれる DDT の濃度

	濃度（ppb）	
	PCB	DDT
表層水	0.00028	0.00014
動物プランクトン	1.8	1.7
濃縮率（倍）	6400	12000
ハダカイワシ	48	43
濃縮率（倍）	17万	31万
スルメイカ	68	22
濃縮率（倍）	24万	16万
スジイルカ	3700	5200
濃縮率（倍）	1300万	3700万

（立川 涼：水質汚泥研究，**11**，12（1988）より改変）

て体内にため込む。その結果，食物連鎖の上位に立つものほど体内の DDT 濃度は高くなる（これを生物濃縮という）。イルカでは海水濃度の 3700 万倍にもなっている。PCB も 1300 万倍に濃縮されていることがわかる。

Cl_m　　　　Cl_n
$1 \leqq m + n \leqq 10$
PCB

13・2・3　海洋とマイクロプラスチック

　海洋からは膨大な量の水蒸気が蒸発し，移動して雲になり，雨となって陸上に注ぐ。雨は大地の汚れを洗い去って川に流れ，川は汚れを伴って海洋に注ぐ。汚れは海洋の微生物によって分解される。

　このように海洋は陸地の大切な洗浄係である。この海洋に最近新しい汚染物質が加わった。それが**マイクロプラスチック**である。これは 1 辺が 5 mm 以下のプラスチック片であるが，細かいものは直径 1 μm のものもある。廃棄されたプラスチック製品が紫外線で劣化し，波で砕けて小さくなったものが大部分である。

　海洋生物がこれを食べると，空腹が紛れたり，消化器官が詰まるとか傷つくとかして，ついには死亡するだけでなく，プラスチック成分が吸収され，それが食物連鎖を経て生物濃縮されて人間に達する可能性が憂慮されている。

13・2・4　大地と化学物質

　大地は私たちの住む場所であり，作物を育てる場所である。この大地にもいろいろの異物が紛れ込んでいる。

　電子部品の洗浄やドライクリーニングの洗浄剤として使われた有機塩素化合物は，廃棄されて土壌中に染み込む。そして，そこから浸出して

このような汚染を土壌汚染という。

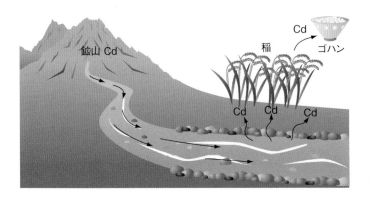

図 13・6　カドミウムと土壌汚染

大気に混じり，健康被害を起こす。また，かつて富山県神通川に流れ込んだカドミウムは地下水に混じって流域の土壌中に浸出した。このカドミウムはそこで育った穀物に濃縮され，人々の口に入り，健康被害を引き起こした（**図 13・6**）。

鉛は身近な金属であるが，神経系に作用する毒物して知られる。昔は炭酸鉛 $PbCO_3$ が化粧の白粉として用いられ，多くの被害者を産んだ。ハンダ（半田）にも鉛が用いられているが，最近では鉛を用いないハンダが主流となっている。

化学物質はあらゆるところに浸出し，循環するのである。

● 発展学習 ●
有機塩素化合物にはどのようなものがあるか調べてみよう。

13・3　エネルギーと化学

現代文明はエネルギーの大量消費の上に成り立っている。

13・3・1　化石燃料と化学

植物は空気中の二酸化炭素によって自分の体（木材）を作る。木材を燃やせば二酸化炭素が発生するが，それは元々大気中にあったものであるから，大気中の二酸化炭素を増やしたことにはならない（**図 13・7**）。

しかし，石炭，石油など化石燃料の燃焼はそれとは異なる。化石燃料は何千万年，何億年前の植物の残骸である。化石燃料の燃焼によって発生した二酸化炭素は現代の環境に新たに加わることになるのである。

NOx は光化学スモッグの原因物質とも考えられている。

化石燃料は硫黄 S や窒素 N を含み，それが燃焼すると有害な SOx，NOx を発生する。

13・3・2　石油と二酸化炭素

石油が燃焼するとどれだけの二酸化炭素が発生するか考えてみよう。石油は炭化水素であり，単純化すれば $(CH_2)_n$ で表される。これが燃えると nCO_2 になる。分子量で考えると，CH_2 が 14，CO_2 が 44 であるか

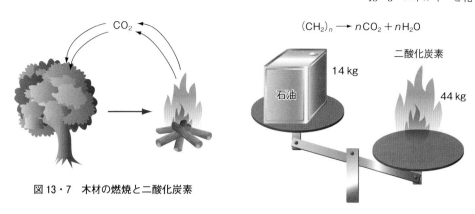

図13・7　木材の燃焼と二酸化炭素

図13・8　石油の燃焼と二酸化炭素

ら $14n$ が $44n$ になることになる。すなわち約3倍の重量になるのである。20 L のポリタンク1杯の石油（14 kg としよう）を燃焼すると 44 kg の二酸化炭素が発生するのである（**図13・8**）。化石燃料の使用を制限しようと考えるゆえんである。

13・3・3　再生可能エネルギー

　いくら使ってもなくならないエネルギー，あるいは使ってもそのあとで再生産されるエネルギーを**再生可能エネルギー**という。太陽から来るエネルギーは無尽蔵であり，再生可能エネルギーの典型であるが，単位面積当たりの量は少なく，有効利用が難しい。しかし，最近は高効率の太陽電池が開発され，光エネルギーの直接利用が推進されている。

　また風力，波力など気象のエネルギーも太陽エネルギーの変形と考えることができる。この分野のエネルギーは環境を汚さない**クリーンエネルギー**であり，今後ますますの利用が期待されている（**図13・9**）。

　バイオエネルギーは生物を利用したエネルギーであり，微生物を用いたいくつかの発酵技術が開発されている。トウモロコシなどの穀物をアルコール発酵し，生成したエタノールを燃料として用いる，各種生ごみをメタン発酵してメタンガスを得る，などは実用化されている。また，二酸化炭素を食べて光合成によって石油を生産する微生物も発見されており，今後の研究が待たれている。

◉発展学習◉
クリーンエネルギーにはどのようなものがあるか調べてみよう。

13・3・4　原子力エネルギー

　原子核反応に伴って発生するエネルギーが**原子力エネルギー**である。原子力エネルギーには核分裂によるものと核融合によるものがある（**図13・10**）。原子炉は核分裂によるものであり，燃料にはウランを用いる。しかし，核分裂廃棄物の問題などがある。

◉発展学習◉
原子炉のしくみを調べてみよう。

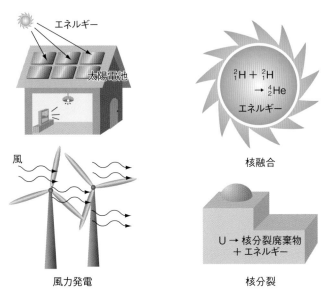

図 13・9　太陽エネルギーの利用　　図 13・10　原子力エネルギー

　また，事故を起こした場合の被害の大きさは，2011 年に起きた福島での事故，1979 年のアメリカ，スリーマイル島事故，1986 年のウクライナ（旧ソビエト連邦）のチョルノービリ（チェルノブイリ）事故などで見た通りである。

　核融合は太陽のような恒星で起こっている反応である。人類もこのエネルギーを獲得しようと研究を重ねているが，実用化は未だ先のことであろう。

13・4　地球環境と化学

　地球にさまざまな環境問題が起こっている。これを解決できるのは化学をおいて他にない。

13・4・1　酸 性 雨

　雨は大気中の二酸化炭素 CO_2 を吸収する。水に吸収された CO_2 は炭酸 H_2CO_3 になるので雨は酸性であり，pH は約 5.3 である。ところが，pH が 5.3 より小さい（酸性が強い）雨がある。これを**酸性雨**という。

　酸性雨は屋外の金属を酸化させ，コンクリートを劣化させて構造物に被害を与える。また，湖沼の酸性を高めて魚類に被害を与え，植物を枯らして森林被害を与え，洪水を招くなど甚大な被害を及ぼす（**図 13・11**）。

　酸性雨の原因は SOx や NOx である。SOx が水に溶ければ強酸の亜硫酸 H_2SO_3 となり，NOx が溶ければ同じく強酸の硝酸 HNO_3 となる。

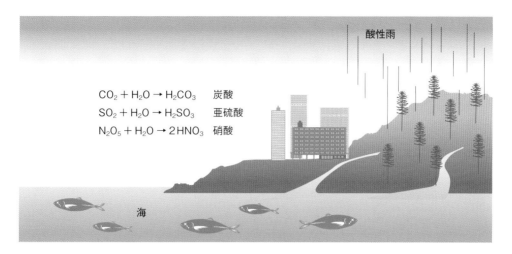

CO₂ + H₂O → H₂CO₃　炭酸
SO₂ + H₂O → H₂SO₃　亜硫酸
N₂O₅ + H₂O → 2HNO₃　硝酸

図 13・11　酸性雨

13・4・2　オゾンホール

地球には宇宙から有害な宇宙線が差し込んでいる。この宇宙線から地球を守ってくれるのが**オゾン層**である。ところが，南極部分のオゾン層に濃度の非常に薄いところがあることがわかった。これを**オゾンホール**という（**図 13・12**）。この影響により，皮膚がん患者が増えているという。

オゾンホールの原因物質は**フロン**である。フロンは炭素 C，塩素 Cl，フッ素 F などでできた化合物であり，天然には存在せず，人間が作り出した化合物である。フロンはエアコンの冷媒，精密電子部品の洗浄溶媒などとして大量に使われた。しかし現在では製造と使用は控えられている。

13・4・3　地球温暖化

気温が年々高まりつつある（**図 13・13**）。今世紀末には年平均気温が 3 ℃ ほど上がり，海水が膨張するので海面が 50 cm ほど上昇するという説もある。温暖化の原因の主なものは二酸化炭素による温室効果であるとされている。

地球には太陽のエネルギーが到達するが，大部分は宇宙に放出され，地球の温度は一定に保たれている。しかし，ある種の気体は熱をため込む性質があり，その熱がたまって気温が上昇することになる。このような気体を温室効果ガスという。単位質量の気体が地球温暖化に果たす相対的な効果を表す数値に地球温暖化指数（**表 13・2**）がある。

二酸化炭素の温暖化指数は大きくはないが，環境中に大量にあることが問題である。

そのため，世界的規模で二酸化炭素の発生量を削減しようと，1997 年に議決されたのが**京都議定書**である。この理念に従って化石燃料の消費

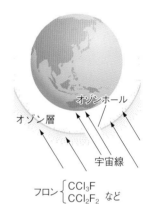

$$\text{フロン}\begin{cases} CCl_3F \\ CCl_2F_2 \end{cases}\text{など}$$

図 13・12　オゾンホールとフロン

フロンは紫外線によって分解して塩素 Cl を発生する。この Cl がオゾン O₃ を破壊する。

$$CCl_3F \xrightarrow{\text{紫外線}} CCl_2F\cdot + Cl\cdot$$
$$Cl\cdot + O_3 \longrightarrow OCl\cdot + O_2$$
$$OCl\cdot + O_3 \longrightarrow 2O_2 + Cl\cdot$$

Cl· は塩素原子であり，· は不対電子を表す。

13

図 13・13　地球平均気温の上昇

表 13・2　地球温暖化指数

名称	構造	温暖化指数
二酸化炭素	CO_2	1
メタン	CH_4	26
オゾン	O_3	204
フロン 11	CCl_3F	4500

を削減することが，地球の環境を守るために必要であろう。

 13・5　SDGs

　SDGs は Sustainable Development Goals（持続可能な開発目標）の略である。これは 2015 年の国連総会で採択されたもので，社会を住みよくするための努力目標の集大成である。

13・5・1　SDGs の目標

　SDGs の目標は，グローバル目標と呼ばれる 17 個の大目標と，それを達成するためのターゲットからなるが，ターゲットは各グローバル目標に平均 10 個ずつ，合計 169 個ある。グローバル目標は次のようなものである。

　① 貧困をなくす，② 飢餓をゼロに，③ 人々に保健と福祉を，④ 質の高い教育，⑤ ジェンダー平等，⑥ 安全な水とトイレを世界中に，⑦ エネルギーをみんなに，そしてクリーンに，⑧ 働きがいも経済成長も，⑨ 産業と技術革新の基盤をつくる，⑩ 人や国の不平等をなくす，⑪ 住み続けられるまちづくり，⑫ つくる責任つかう責任，⑬ 気候変動に具体的な対策を，⑭ 海の豊かさを守ろう，⑮ 陸の豊かさも守ろう，⑯ 平和と公正をすべての人に，⑰ パートナーシップで目標を達成する。

13・5・2　化学に関連したグローバル目標

　これら 17 個のグローバル目標は全てが緊密に関連し合ったものであるが，中でも化学に関連した目標として次の 8 項目があげられる。それ

らに関する主なターゲットをあげると，② 飢餓の撲滅，③ 医薬品の開発や環境汚染による健康被害の防止，⑥ 安全・安価な飲料水の確保，⑦ 安価かつ信頼できるエネルギーサービス，⑫ 生分解性材料などの開発，⑬ 気候関連災害に対する適応性の獲得，⑭ 海洋汚染の解決，⑮ 砂漠化進行の抑制　などである。

　これらの問題にどのように対処し，どのような解決策を見つけるか，化学の実力が試されているといえよう。

●この章で学んだこと

- □ **1**　地球を半径 6.5 cm の円とすると，私たちの住める環境は幅 0.2 mm の線になる。
- □ **2**　海中に溶けた有害物質は生物の食物連鎖によって濃縮される。
- □ **3**　植物を燃やすと二酸化炭素が発生するが，それは元々植物が空気中から集めたものなので，＋－ゼロである。
- □ **4**　化石燃料の燃焼で発生する二酸化炭素は純増である。
- □ **5**　化石燃料を燃焼すると SOx や NOx が発生する。
- □ **6**　石油を燃焼すると石油の重量の約 3 倍の二酸化炭素が発生する。
- □ **7**　小さい原子核を融合しても，大きい原子核を分裂させてもエネルギーが発生する。
- □ **8**　酸性雨は SOx や NOx が雨に溶けた結果である。
- □ **9**　オゾンホールの原因はフロンである。
- □ **10**　地球温暖化の主な原因は二酸化炭素であると考えられている。

● 演 習 問 題 ●

13.1　地殻中で 1 番目～5 番目に多く存在する元素は何か。

13.2　土壌汚染の例をあげよ。

13.3　20 mL の石油を燃焼すると何 L の二酸化炭素が発生するか。ただし，石油の比重を 0.7 とする。

13.4　二酸化炭素が水に溶けるとなぜ酸性になるのか。

13.5　フロンがオゾンを破壊するのはなぜか。

13.6　地球の温度が上がりつつある主な原因は何だと考えられているか。

13.7　メタンの地球温暖化ポテンシャルは二酸化炭素の 26 倍である。メタンの温室効果があまり問題にされないのはなぜか。

13.8　図 13・3 によれば 120 km 以上の高空では 400 K 以上という高温になっている。高空は低温のはずであるが，なぜこうなっているのか。

13.9　原子力エネルギーを発生する二種の原子核反応の名前をあげよ。

13.10　図 13・13 において，1930 年以降，おおむね北半球の気温が南半球より高いのはなぜか。

コラム

放 射 線 事 故

地球上に起こっている最大の環境問題は地球温暖化かもしれない。本文で見たように，これは二酸化炭素を主とした温室効果ガスの濃度増大が起こした問題である。その濃度増大を起こした原因は，産業革命以降，人類が化石燃料を燃やし続けたことである。

それに気づいた人類は化石燃料の使用を避ける方向に舵(かじ)を切り始めているが，問題は化石燃料の代替エネルギーをどこに求めるかである。太陽光，風力，バイオエネルギーなど，各種の再生可能エネルギーの名前があげられるが，いずれもその総量，天候依存性などに問題がある。

そのような問題のないエネルギー源として考えられるのが「原子力発電」だが，原子力発電には「事故の問題」がつきまとう。人類はこれまでに何回も原子力発電に伴う事故を経験している。

A　スリーマイル島事故・チョルノービリ事故

世界で最初の大事故は，1979 年にアメリカ・ペンシルバニア州にあるスリーマイル島の原子力発電所で起こった。この事故では幸いにも人的被害はなかった。しかし 1986 年に旧ソビエト連邦，チョルノービリ（チェルノブイリ）の原子力発電所で起こった 2 番目の大事故では，被害の詳細は明らかになっていないものの，多くの被害者が出たものと言われている。

B　日本の事故

日本でも，① 1970 年，原子力船『むつ』の「中性子線漏れ事故」，② 1999 年，茨城県東海村の核燃料加工施設における「中性子線漏えい事故」，③ 1995 年，高速増殖実験炉『もんじゅ』の「ナトリウム漏えい事故」などが有名だが，中でも大きな事故になったのは 2011 年の東日本大震災に伴って起きた「福島第一原子力発電所事故」であった。

この事故は，震災に伴う津波が原子力発電所の外部電源を破壊したため，炉心に冷却水を送ることができなくなることによって起こった。そのため，炉心では核燃料が融けてメルトダウンを起こし，炉外の冷却プールに保管した使用済み核燃料は高熱になって水と反応して水素を発生し，その水素に火が着いて水素爆発を起こした。

この事故の被害総額は算定も難しいほど甚大であり，その復旧作業は現在もなお終了時点が見通せていない。施設地下を流れる地下水は放射能で汚染されているため，安易に環境に放出することはできないが，保管するにも限度がある。周辺諸国の憂慮を慮(おもんぱか)りつつも，近く海洋に放出せざるを得ないようである。

このように，原子力発電は二酸化炭素は放出しないが，いったん事故が起こると，膨大な量の放射線を放出する。その害は二酸化炭素を凌(しの)ぐものがある。人類の生存はエネルギーの上に成り立っている。化石燃料を放棄したら，その代わりのエネルギーを見つけなければならない。それがどのようなエネルギーになるのか，あるいは大量のエネルギーを必要としない世界を構築するのか，今こそ人類の知恵が試されていると言ってよいだろう。

演習問題解答

◉ **序章　化学で学ぶこと** ◉

0.1　電子，原子核（陽子，中性子）

0.2　表 0・1 参照。

0.3　表 0・1 参照。

0.4　$6.02 \times 10^{23} \times \dfrac{10}{18} = 3.34 \times 10^{23}$（個）　　$22.4 \times \dfrac{10}{18} = 12.4$（L）

0.5　溶質 ＝ 砂糖，溶媒 ＝ 水

0.6　短い反応。

0.7　A：$\left(\dfrac{1}{2}\right)^2 = 0.25$　　B：$1 - 0.25 = 0.75$

0.8　酸性：a　　OH^- 濃度が高い：b

0.9　酸化されたもの Al，還元されたもの Fe_2O_3，酸化剤 Fe_2O_3，還元剤 Al

0.10　0.4 節および 10・5 節参照。

0.11　0・4・2 項参照。

0.12　0.5 節および 11・1 節参照。

0.13　DNA：RNA 合成，　RNA：タンパク質合成

0.14　a) 二酸化炭素　　b) フロン　　c) SOx，NOx

⋯⋯⋯⋯⋯⋯⋯⋯⋯⋯⋯⋯⋯ **第 I 部　原子構造と結合** ⋯⋯⋯⋯⋯⋯⋯⋯⋯⋯⋯⋯⋯

◉ **第 1 章　原子構造と配置** ◉

1.1　砂粒等。

1.2　$88 - 44 = 44$（個）

1.3　$6.02 \times 10^{23} \times \dfrac{180}{18} = 6.02 \times 10^{24}$（個）

1.4　18 個

1.5　図 1・10 参照。

1.6　B：3 個　　N：5 個

1.7　Be：＋2 価（Be^{2+}）　　O：－2 価（O^{2-}）

1.8　原子核の正電荷が増えるので，電子との間の静電引力が大きくなる。そのため，電子が原子核に引き寄せられるので電子雲が縮み，原子が小さくなるのである。

1.9　$C < N - Cl < O < F$

1.10　He，Ne，Ar，Kr。全て 18 族の貴ガス元素。

◉ **第 2 章　化学結合と分子構造** ◉

2.1　$12 \times 2 + 1 \times 6 + 16 = 46$

2.2　$6.02 \times 10^{23} \times \dfrac{28}{44} = 3.84 \times 10^{23}$（個）

2.3

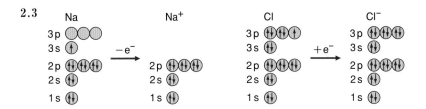

2.4 金属イオン M^{n+} の振動が少なくなり，自由電子の移動がスムーズになるため。

2.5 四つ。

2.6

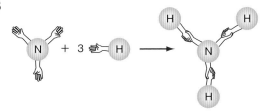

2.7

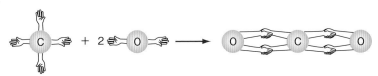

2.8

$$\overset{\delta+}{C}-\overset{\delta-}{O}$$

2.9

2.10 Na と各ハロゲン元素との結合エネルギーの順は $F > Cl > Br > I$ となり，周期表の上にいくほど大きくなっている。これはハロゲン原子の電気陰性度が大きいほど，すなわち陰イオンになりやすいほど大きくなっていることを表し，結合が静電引力によるものであることを示している。

● 第3章　元素の性質と反応 ●

3.1 $2H_2 + O_2 \longrightarrow 2H_2O$

3.2 $2Na + 2H_2O \longrightarrow 2NaOH + H_2$

3.3 $CaO + H_2O \longrightarrow Ca(OH)_2$

3.4 a) 銅と亜鉛　　b) 銅とスズ　　c) 鉄とクロム，ニッケル

3.5 オゾン O_3

3.6 酸素 > ケイ素 > アルミニウム

3.7 SOx：硫黄酸化物　　　NOx：窒素酸化物

3.8 ^{235}U

3.9 極低温を得るための冷媒，気球用の気体など。

3.10 レアメタルというのは，現代科学産業にとって重要な元素であるにもかかわらず，日本でほとんど産出されない希少金属のことである。47種類の元素が指定されている。

◉ 第 4 章　物 質 の 状 態 ◉

4.1 圧力が低いので沸点も低くなり，水が 100 ℃ 以下で沸騰し，それ以上高温にならない。そのため米がよく煮えない。

4.2 融点が低くなるので氷が融ける（スケートが滑るのはこのせいといわれる）。

4.3 水を冷やして氷にし，低圧にして昇華させる。

4.4 凍って氷のシャボン玉になる。

4.5 透明な液体になり，液晶の性質を失う。しかし冷して透明点以下にしたら液晶状態に戻る。

4.6 金属原子に結晶状態に戻る時間を与えないため。

4.7 1/3 になる。

4.8 気体の体積は絶対温度に比例するので，373/273 = 1.37 倍になる。

4.9 9 g の水は 0.5 モルだから 0 ℃，1 気圧で 11.2 L である。圧力が 0.5 気圧だから体積は 2 倍になるので 22.4 L となる。

4.10 製造会社によって温度は異なるが，ある温度以下に冷却すると液晶分子が結晶になり，表示機能を喪失する。温めて常温に戻せば機能は復帰するだろうが，それも製造会社による。

◉ 第 5 章　溶 液 の 性 質 ◉

5.1 水−アルコール，酢−アルコール

5.2

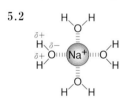

5.3 20 g

5.4 塩化ナトリウムなどが溶けているため凝固点降下が起こった。

5.5 ベンゼンの K_f は 5.1 である。したがってこの溶液は 1000 g のベンゼンに 1 モルの物質が溶けていることになる。題意より 500 g のベンゼンに 50 g の物質だから 1000 g のベンゼンなら 100 g となる。したがって 1 モルが 100 g なので分子量は 100 となる。

5.6 細胞内の水分が浸透圧によって半透膜である細胞膜を通って細胞外に出たため。

5.7 牡蛎（か き）の体液の塩分濃度は水道水より高いので，水道水は浸透圧によって牡蛎の体内に入る。しかし海水濃度の塩水の塩分濃度は牡蛎と同程度なので浸透しない。

5.8 $\pi = nRT/V$ で，n が 2 倍になったことになるから浸透圧も 2 倍になる。

5.9 pH で 2 違うから 10^2 すなわち 100 倍違う。

5.10 $H_2SO_4 + NaOH \longrightarrow NaHSO_4 + H_2O$ ①
　　　　　　　　　　　　　硫酸水素
　　　　　　　　　　　　　ナトリウム

　　　　$NaHSO_4 + NaOH \longrightarrow Na_2SO_4 + H_2O$ ②
　　　　　　　　　　　　　硫酸ナトリウム

①，②式をまとめれば

$$H_2SO_4 + 2NaOH \longrightarrow Na_2SO_4 + 2H_2O \qquad ③$$

∷∷∷∷∷∷∷∷∷∷∷∷ **第 III 部　化学反応とエネルギー** ∷∷∷∷∷∷∷∷∷∷∷

● 第 6 章　化学反応の速度 ●

6.1 $\dfrac{1}{2^n} = \dfrac{1}{8}$　　$n = 3$（時間）

6.2 二次反応

6.3 反応熱が活性化エネルギーとなるため。

6.4 遷移状態は最もエネルギーの高い状態なので，エネルギーの低いほかの状態に変化してしまうため。

6.5 反応物質と触媒が反応して，反応しやすい物質，遷移状態に変化するから。

6.6 触媒は反応によって変化しないので繰り返し使用できるから。

6.7 遷移状態：エネルギー曲線の頂上である。　　中間体：エネルギー曲線の谷である。

6.8

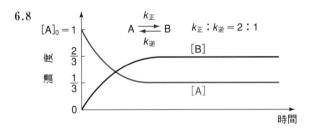

6.9 平衡は B が生成するように移動する。したがって右へ移動する。

6.10 B を反応系から除ければよい。

● 第 7 章　化学反応とエネルギー ●

7.1 結合エネルギー，結合振動エネルギー，結合回転エネルギー，原子核と電子間の静電引力，原子核エネルギー 等々。

7.2 周囲を温める熱エネルギー，周囲を明るく照らす光エネルギー，上昇気流による風力（エネルギー），炭がはぜる運動エネルギーなど。

7.3 外界と熱や物質のやりとりができるので孤立系ではない。

7.4 太陽や地球内部の原子核反応によって地球環境に入ってくるエネルギーと，宇宙へ放出されるエネルギーが等しいから。

7.5 グラファイト

7.6 ダイヤモンド

7.7 b)

7.8 冷たい方へ移動する。両方の温度が等しくなると熱の移動に伴うエントロピー変化がなくなるので移動は止まる。

7.9 エントロピーの大きい液体を生成する反応の方が有利である。

7.10 ギブズエネルギー（ギブズ自由エネルギー）

● **第 8 章　酸化反応・還元反応** ●

8.1　$1 + X + (-2 \times 3) = 0 \quad \therefore X = +5$

8.2　$CH_4 : X + 1 \times 4 = 0 \quad \therefore X = -4 \qquad CO : X + (-2) = 0 \quad \therefore X = +2$

8.3　CO_2 の C の酸化数　$X + (-2 \times 2) = 0 \quad X = +4$

　　したがって C の酸化数は単体 (C) の 0 から +4 に増加したので酸化されたことになる。

8.4　$2CO + O_2 \longrightarrow 2CO_2$

　　CO の C の酸化数 $= +2$, CO_2 の C の酸化数 $= +4$, O_2（単体）の O の酸化数 $= 0$,

　　CO_2 の O の酸化数 $= -2$

　　反応に伴う酸化数の変化　$C : +2 \longrightarrow +4$, $O : 0 \longrightarrow -2$

　　したがって，酸化剤：酸素，還元剤：一酸化炭素

8.5　イオン化傾向 Fe > Cu，つまり Fe の方がイオン化しやすい。したがって

　　$CuSO_4 + Fe \longrightarrow FeSO_4 + Cu$

8.6　イオン化傾向 Cu > Ag

　　$\therefore Ag_2SO_4 + Cu \longrightarrow CuSO_4 + 2Ag$

8.7　H_2 ガス

8.8　酸化された：Zn $(Zn \longrightarrow Zn^{2+} + 2e^-)$

　　還元された：H　$(2H^+ \longrightarrow H_2)$

8.9　$2H_2 + O_2 \longrightarrow 2H_2O$

　　酸化された：H　　還元された：O

8.10　水。このため，水素燃料電池は環境を汚さないクリーンなエネルギー源といわれる。

∴∴∴∴∴∴∴∴∴∴∴∴∴∴∴∴∴∴ **第 Ⅳ 部　有機分子の性質と反応** ∴∴∴∴∴∴∴∴∴∴∴∴∴∴∴∴

● **第 9 章　炭化水素の構造と性質** ●

9.1　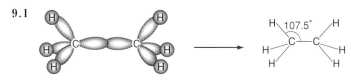

9.2

9.3　アルカン 〰　　シクロアルカン ▢　　アルケン ⎓〰

9.4　a) ペンタン　　b) ペンテン　　c) シクロペンタン

9.5 a) $CH_3-CH_2-CH_3$　b) $\begin{array}{c}CH_2-CH_2\\||\\CH_2-CH_2\end{array}$　c) $\begin{array}{c}CH-CH_2\\\||\\CH_2\\|\\CH-CH_2\end{array}$

9.6

9.7 シス体　$\begin{array}{c}HH\\ \diagdown\diagup\\ C=C\\ \diagup\diagdown\\ CH_3CH_2CH_3\end{array}$　　トランス体　$\begin{array}{c}HCH_2CH_3\\ \diagdown\diagup\\ C=C\\ \diagup\diagdown\\ CH_3H\end{array}$

9.8

$\begin{array}{c}CH_3\\|\\H-C\cdots Cl\\|\\Br\end{array}$

9.9 a) $120°$　b) $120°$　c) $90°$　d) $60°$

9.10 a), c)

● 第 10 章　有機化合物の性質と反応 ●

10.1 a) $\begin{array}{c}O\\ \diagup\\ -C\\ \diagdown\\ OH\end{array}$　b) $\begin{array}{c}O\\ \diagup\\ -C\\ \diagdown\\ H\end{array}$　c) $\begin{array}{c}O\\ \diagup\\ -N^+\\ \diagdown\\ O^-\end{array}$

10.2 a) ケトン　　b) アルコール　　c) 芳香族

10.3

$$H_2C=CH-CH_3 \xrightarrow{H_2} H_3C-CH_2-CH_3$$

プロペン　　　　　　　　プロパン

10.4 $CH_3-CH_2-CH_2-CH=CH_2$　ペンテン

10.5

$-H_2O$

フェノール　　　　　　　　　　　　　ジフェニルエーテル

10.6

安息香酸

10.7

酢酸　　　アニリン

10.8

o-キシレン　　　m-キシレン　　　p-キシレン

10.9 レンガ色沈殿を生じる。$Cu^{2+}+e^- \rightarrow Cu^+$ となり，酸素と反応して Cu_2O となるため。

10.10

◉ 第 11 章　高分子化合物の構造と性質 ◉

11.1 アミノ酸という自然界にある単位分子が多数個結合したものであるから。

11.2 加熱して軟らかくなれば熱可塑性樹脂であり，変わらなければ熱硬化性樹脂である。

11.3 家具，家電製品，食器 等。

11.4 衣服，クッション，防震材 等。

11.5 エチレン $H_2C=CH_2$ の分子量 $= 12 \times 2 + 1 \times 4 = 28$　　$28 \times 1万 = 28万$

11.6

11.7

11.8

11.9

11.10 木材のように焦げ，最終的には燃える。

∴∴∴∴∴∴∴∴∴∴∴∴∴∴∴∴∴ **第 Ⅴ 部　生 命 と 化 学** ∴∴∴∴∴∴∴∴∴∴∴∴∴∴∴

◉ 第 12 章　生命と化学反応 ◉

12.1 水素結合，ファンデルワールス力 等。

12.2

12.3

12.4 $150 \times 100 = 1万5千$

12.5 活性化エネルギーを下げ，反応が温和条件下でも進行するようにする。

12.6 炭素鎖部分に二重結合，三重結合などの不飽和結合を含むのが不飽和脂肪酸であり，含まないのが飽和脂肪酸。

12.7 共に生体の機能を調整する微量物質であるが，人間が自分で合成できるものがホルモンであり，合成

できないのがビタミン。

12.8 4種の塩基を基にした4種の単位分子がたくさん結合したものであるから。

12.9 DNA のうち，遺伝に関与する部分。

12.10 RNA は娘細胞において DNA を元にして作られ，タンパク質の合成に関与する。

◎ 第 13 章　環境と化学物質 ◎

13.1 酸素，ケイ素，アルミニウム，鉄，カルシウム

13.2 富山県神通川流域のカドミウム汚染等。

13.3 20 L の石油から 44 kg の CO_2 が発生したのだから（13・3・2項），20 mL では 44 g となり，これは CO_2 1 モルに相当する。したがって 1 気圧 0 ℃ で 22.4 L である。

13.4 $CO_2 + H_2O \rightarrow H_2CO_3 \rightarrow H^+ + HCO_3^-$

上式のように二酸化炭素が水に溶けると炭酸となる。炭酸は酸であり，電離して H^+ を出すので酸性となる。

13.5 フロンが紫外線により分解することによって発生した塩素がオゾン分子を壊すから。

13.6 二酸化炭素の温室効果。

13.7 メタンに比べて二酸化炭素の発生量がはるかに多いからである。

13.8 図 13・3 の温度は分子 1 個の運動エネルギーを表している。高空では分子が少なく，互いに衝突しないので，観測される温度は低くなる。

13.9 核分裂反応と核融合反応。

13.10 北半球の方が人口密度，工業密度が高く，二酸化炭素排出量が多いため。

索　引

著者略歴

齋藤　勝裕
さい とう　かつ ひろ

1945 年　新潟県生まれ
1969 年　東北大学理学部卒業
1974 年　東北大学大学院理学研究科博士課程修了
名古屋工業大学工学部講師，同大学大学院工学研究科教授等を経て
現在　名古屋工業大学名誉教授　理学博士
専門分野：有機化学，物理化学，超分子化学

ステップアップ 大学の総合化学（改訂版）

2008 年 10 月 20 日	第　1　版　発　行	
2022 年 2 月 25 日	第 3 版 1 刷 発 行	
2022 年 11 月 15 日	［改訂］第 1 版 1 刷発行	

検　印
省　略

定価はカバーに表示してあります．

著 作 者	齋　藤　勝　裕
発 行 者	吉　野　和　浩
発 行 所	東京都千代田区四番町 8 ― 1 電　話　　03-3262-9166（代） 郵便番号　102-0081 株式会社　裳　華　房
印 刷 所	三報社印刷株式会社
製 本 所	牧製本印刷株式会社

一般社団法人
自然科学書協会会員

ISBN 978-4-7853-3522-9

化学ギライにささげる 化学のミニマムエッセンス

車田研一 著　Ａ５判／212頁／定価 2310円（税込）

　大学や工業高等専門学校の理系学生が実社会に出てから現場で困らないための，"少なくともこれだけは身に付けておきたい"化学の基礎を，大学入試センター試験の過去問題を題材にして懇切丁寧に解説する.
【主要目次】0. はじめに　1. 化学結合のパターンの"カン"を身に付けよう　2. "モル"の計算がじつはいちばん大事！　3. 大学で学ぶ"化学熱力学"の準備としての"熱化学方程式"　4. 酸・塩基・中和　5. 酸化・還元は"酸素"とは切り分けて考える　6. 電気をつくる酸化・還元反応　7. "とりあえずこれだけは"的有機化学　8. "とりあえずこれだけは"的有機化学反応　9. センター化学にみる，"これくらいは覚えておいてほしい"常識

化学サポートシリーズ
化学をとらえ直す　－多面的なものの見方と考え方－

杉森　彰 著　Ａ５判／108頁／定価 1870円（税込）

　「無機」「有機」「物理」など，それぞれの講義で学ぶ個別の知識を本当の"化学"的知識とするためのアプローチと，その過程で見えてくる自然の姿をめぐるオムニバス.
【主要目次】1. 知識の整理には大きな紙を使って表を作ろう　－役に立つ化学の基礎知識とは－　2. いろいろな角度からものを見よう　－酸化・還元の場合を例に－　3. 数式の奥に潜むもの　－化学現象における線形性－　4. 実験器具は使いよう　－実験器具の利用と新らしい工夫－　5. 実験ノートのつけ方　－記録は詳しく正確に. 後からの調べがやさしい記録－

物理化学入門シリーズ
化学のための数学・物理

河野裕彦 著　Ａ５判／288頁／定価 3300円（税込）

【主要目次】1. 化学数学序論　2. 指数関数，対数関数，三角関数　3. 微分の基礎　4. 積分と反応速度式　5. ベクトル　6. 行列と行列式　7. ニュートン力学の基礎　8. 複素数とその関数　9. 線形常微分方程式の解法　10. フーリエ級数とフーリエ変換　－三角関数を使った信号の解析－　11. 量子力学の基礎　12. 水素原子の量子力学　13. 量子化学入門　－ヒュッケル分子軌道法を中心に－　14. 化学熱力学

化学英語の手引き

大澤善次郎 著　Ａ５判／160頁／定価 2420円（税込）

　長年にわたり「化学英語」の教育に携わってきた著者が，「卒業研究などで困ることのないように」との願いを込めて執筆した. 手頃なボリュームで，講義・演習用テキスト，自習用参考書として最適.
【主要目次】1. 化学英語は必修　2. 英文法の復習　3. 化学英文の訳し方　4. 化学英文の書き方　5. 元素，無機化合物，有機化合物の名称と基礎的な化学用語　　付録：色々な数の読み方

新・元素と周期律

井口洋夫・井口　眞 共著　Ａ５判／310頁／定価 3740円（税込）

　物性化学の視点から，物質を構成する原子－電子と原子核による－の組立てを解き，化学の羅針盤である周期律と元素の分類，および各元素の性質を論じてこの分野の定番となった『基礎化学選書　元素と周期律（改訂版）』を原書とし，現代化学を理解するための新しい"元素と周期律"として生まれ変わった. 現代化学を学ぶ方々にとって，物質の性質を理解しその多彩な機能を利用するための新たな指針となるであろう.
【主要目次】1. 元素と周期律　－原子から分子，そして分子集合体へ－　2. 水素　－最も簡単な元素－　3. 元素の誕生　4. 周期律と周期表　5. 元素　－歴史，分布，物性－

各元素の電子配置 （本文 p.16）

K	1s	H ⬆️⬇️						He ⬆️⬇️

		Li	Be	B	C	N	O	F	Ne
L	2p								
	2s								
K	1s								

		Na	Mg	Al	Si	P	S	Cl	Ar
M	3p								
	3s								
L	2p								
	2s								
K	1s								

開殻構造　　　　　　　　　　　閉殻構造

原子半径の周期性 （本文 p.18）

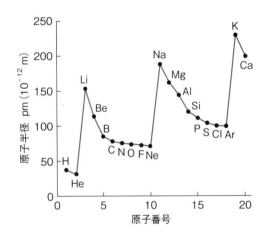

1	2	3	4	5	6	7	8
H 37							He 31
Li 152	Be 112	B 85	C 77	N 75	O 73	F 72	Ne 70
Na 186	Mg 160	Al 143	Si 118	P 110	S 103	Cl 99	Ar 98
K 227	Ca 197	Ga 135	Ge 123	As 120	Se 117	Br 114	Kr 112
Rb 248	Sr 215	In 166	Sn 140	Sb 141	Te 143	I 133	Xe 131
Cs 265	Ba 222	Tl 171	Pb 175	Bi 155	Po 164	At 142	Rn 140

電気陰性度の周期性 （本文 p.19）

H 2.1							He
Li 1.0	Be 1.5	B 2.0	C 2.5	N 3.0	O 3.5	F 4.0	Ne
Na 0.9	Mg 1.2	Al 1.5	Si 1.8	P 2.1	S 2.5	Cl 3.0	Ar
K 0.8	Ca 1.0	Ga 1.3	Ge 1.8	As 2.0	Se 2.4	Br 2.8	Kr